手机摄影轻松学

手机摄影学堂 编著

小手机大摄影
短视频拍摄与剪辑
从入门到精通

U0177729

化学工业出版社

·北京·

内 容 简 介

《小手机大摄影：短视频拍摄与剪辑从入门到精通》一书共分两篇，帮助读者快速成为手机短视频拍摄与剪辑高手。

一是拍摄篇，包括拍摄工具、拍摄功能、构图技巧、运镜技巧，以及常见题材和热门场景的拍摄方法等内容，助力读者一书在手快速成为手机拍摄达人！

二是剪辑篇，包括视频剪辑、调色特效、字幕编辑、音频剪辑，以及综合实战等内容，助力读者快速精通手机短视频剪辑！

本书案例作品精美丰富，讲解深入浅出，实战性强，适合喜欢用手机拍摄、剪辑和分享短视频的大众读者，另外，本书还适合广大短视频摄影爱好者、自媒体剪辑师、摄影师以及从事短视频后期培训的人员使用。

图书在版编目（CIP）数据

小手机大摄影：短视频拍摄与剪辑从入门到精通 /
手机摄影学堂编著 . —北京：化学工业出版社，2022.9
（手机摄影轻松学）
ISBN 978–7–122–41607–0

Ⅰ . ①小… Ⅱ . ①手… Ⅲ . ①移动电话机 – 摄影技术
②移动电话机 – 视频制作 Ⅳ . ① TN929.53 ② TN948.4

中国版本图书馆 CIP 数据核字（2022）第 097733 号

责任编辑：夏明慧 刘 丹
责任校对：李雨晴 装帧设计：史利平

出版发行：化学工业出版社（北京市东城区青年湖南街 13 号 邮政编码 100011）
印 装：天津图文方嘉印刷有限公司
710mm×1000mm 1/16 印张 15 字数 265 千字 2022 年 10 月北京第 1 版第 1 次印刷

购书咨询：010-64518888 售后服务：010-64518899
网 址：http://www.cip.com.cn
凡购买本书，如有缺损质量问题，本社销售中心负责调换。

定 价：88.00 元 版权所有 违者必究

前言

随着抖音、快手等短视频应用的不断流行，分享拍摄的短视频，成为人们展现自我的首选方式之一。近年来，随着手机的发展与相应平台和软件的发展，短视频吸引了无数用户观看分享，下到几岁孩童，上到耄耋老人，都在使用手机观看短视频，这是一个全民短视频的时代。

随着手机摄影的流行，目前手机拍视频也正成为一种大势所趋，特别是移动端手机视频需求的爆发，让各类制作方对视频拍摄和后期处理的刚性需求越来越强烈。但是，很多人在没有拍摄和剪辑基础的情况下，用手机拍摄并在平台上分享了短视频，拍了很久也吸引不到多少粉丝。

基于手机短视频的趋势背景和大多数用户的需求，手机摄影学堂组织编写了本书，将20多年的手机摄影、摄像和视频剪辑经验融会贯通，给读者奉献一本实用操作手册，详细论述如何才能更系统、更详细、更简单、更直观、更好地学习运用手机拍摄并剪辑出电影级短视频的方法。

本书主要分成两篇帮助读者逐一梳理手机拍摄和剪辑短视频的技巧。

（1）拍摄篇：主要介绍了拍摄工具、拍摄功能、构图技巧、运镜技巧，以及常见题材和热门场景的拍摄方法等内容，帮助读者快速入门，拍摄出优质的原片效果。

（2）剪辑篇：主要介绍了剪映App的操作技巧，包括视频剪辑、调色特效、字幕编辑、音频剪辑，以及综合实战等内容，让读者可以快速掌握手机剪辑技巧和方法，轻松成为剪辑高手！

本书的特色亮点如下。

（1）技巧为主，纯粹干货：内容设计体系化，共10章。全书将手机拍摄与剪辑相结合，一本书介绍两方面的实用技巧，采用实战案例讲解的方式，步骤详细，可以帮助读者从新手快速成为视频拍摄和剪辑制作高手！

（2）摄像高手，经验丰富：作者为资深摄影师、摄像师、视频剪辑师，有着20多年的摄影、摄像及视频后期处理经验，精通单反摄影、手机摄影，并打通摄影与摄像的拍摄和后期技术。

（3）剪辑操作，实战示范：本书以剪映App为例，众多实战案例和教学视频，手把手教你用手机剪辑短视频，做出属于自己的热门作品。

本书主要针对想要使用手机进行拍摄与剪辑的人群，适合自由职业者、自媒体转型短视频创作者以及大学生等阅读，同时适合每一个想随时随地记录美好生活的读者，帮助大家用趣味、精彩的短视频，在微信朋友圈、抖音和快手等平台脱颖而出。

特别提示：本书的编写是基于当前应用软件截取的实际操作图片，但图书从编辑到出版需要一段时间，在这段时间里，应用软件的界面与功能可能会有调整与变化，请在阅读时根据实际情况按照书中的操作思路，举一反三进行操作学习。

本书由手机摄影学堂编著，同时对李金莲表示感谢。由于作者学识所限，书中难免有疏漏之处，恳请广大读者批评、指正。

编著者

扫码下载书中
案例素材包

目录

剪辑篇

第 6 章　视频剪辑：一部小手机即可轻松搞定　/　98

第 7 章　调色特效：普通短视频秒变电影大片　/　126

拍摄篇

第 1 章 📝

拍摄工具：手机也可拍出单反效果

🎤 本章要点

　　相比专业的单反（单镜头反光相机）和摄像机来说，智能手机的拍摄效果虽然比不上专业设备，但却是最常见、最简单的拍摄设备。用户可以利用其他方式来提升拍摄效果，例如通过加装各种手机摄影附件就是一种不错的提升方法。本章主要介绍稳定设备和辅助器材等拍摄工具的使用技巧，让用户用手机也可以拍出单反的效果。

稳定设备：用手机拍出清晰的画面

在我们生活中最常接触的拍摄设备就是智能手机，选择一款好的手机对拍摄来说有着很大影响，我们该怎么去选择合适的手机呢？在拍摄时，除了手机以外，是否还可以利用其他的工具来稳定手机呢？本节将为大家分享几款适合拍照的手机和手机拍摄时可以用到的稳定手机的工具。

1.1.1 选择手机：拍摄短视频，哪些手机比较好用

第一款手机为华为 Mate 40 Pro，拍摄性能如下。

（1）后置徕卡四摄：1200 万像素（潜望式长焦，10 倍混合变焦）＋2000 万像素（电影摄像）＋5000 万像素（超感知）＋激光对焦传感器（急速对焦），支持自动对焦（激光对焦／相位对焦／反差对焦），支持 AIS 防抖。

（2）前置单摄：支持 3D 深度感知和固定焦距。

华为 Mate 40 Pro 后置摄像头采用了长焦、广角、超广角、超级微距这四类摄像时最常用的镜头，再加上了闪光灯和激光对焦功能，为用户带来了不可多得的拍摄体验，可以帮助用户拍出栩栩如生的画面。图 1-1 为用华为 Mate 40 Pro 拍摄出来的画面效果。

图 1-1　用华为 Mate 40 Pro 拍摄出来的效果

 专家提醒

华为 Mate 40 Pro 不但具有"浴霸四摄"与混合对焦功能，还拥有大光圈拍照模式，用户在手动模式下，调整参数后拍摄效果可接近单反，画面主体更突出，拍摄出来的视频更加有层次感。

第二款手机为苹果 iPhone 13 Pro Max, 采用了后置 1200 万像素长焦镜头, 前置 1200 万像素摄像头, 最高可达 15 倍数码变焦, 并且搭载了光学防抖功能, 可以保证手机拍照的画质, 如图 1-2 所示。苹果 iPhone 13 Pro Max 的后置摄像头配 LED 补光灯, 带来了不错的对焦速度以及更好的画面捕捉能力, 还支持 4K 视频拍摄。

光学防抖主要是通过调整手机镜片组或感光芯片的位置, 从而起到减少抖动的效果。具有光学防抖功能的手机不但可以稳定拍摄, 还能提升暗光拍摄品质和暗部细节, 增强画面亮度, 比较容易拍出清晰的画质。如图 1-3 所示, 为用普通的手机

图 1-2　苹果 iPhone 13 Pro Max 手机

和苹果 iPhone 13 Pro Max (具有光学防抖功能) 拍摄出来的效果。

图 1-3　用普通手机 (左) 和苹果 iPhone 13 Pro Max (具有光学防抖功能) (右) 拍摄出来的效果

第三款手机为 OPPO Reno 7, 这款手机采用索尼 6400 万主摄 +800 万超广角 +200 万微距, 可以智能感知抖动并校正画面, 拍摄远处也清晰, 如图 1-4 所示。

OPPO Reno 7 后置摄像头采用索尼 IMX776 传感器, 后置双 LED 补光灯, 前置柔光灯补光, 同时支持双 OIS 光学防抖, 新增 AI 夜景人像优化, 可以呈现

图 1-4　OPPO Reno 7

人像真实肤色, 能拍摄出有质感的夜景人像大片。如图 1-5 所示, 为用 OPPO Reno 7 手机拍摄的人像效果。

图 1-5　OPPO Reno 7 拍人像

1.1.2　手机支架：飞檐走壁，在哪儿都能轻松固定住

手机支架又称为懒人支架，手机支架可以起到固定、支撑的作用，不用手拿着也可以轻松拍视频。目前市面上有两种常见的手机支架类型，一种是底部为夹板式的手机支架，可以弯曲，如图 1-6 所示。

另一种则是支架的底部采用螺旋设计，通过旋转螺母固定整个支架，逆时针旋转螺母可松开，如图 1-7 所示。固定底部支架时，可以夹在桌子边缘或是书架上，固定的时候要锁紧螺母。

图 1-6　夹板式手机支架

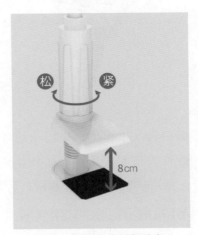

图 1-7　螺旋式手机支架

使用螺旋式手机支架进行拍摄时，要先将手机支架固定在桌子边缘或者书架上，再打开手机相机，然后把手机放到手机支架上固定，根据拍摄的角度调整手机支架的位置和高度，调整完成后即可进行拍摄。

1.1.3 手持云台：在拍摄视频中起到很好的助力作用

如今的视频拍摄"新宠"工具就是手持云台了。手持云台就是安装和固定手机的设备，是一种专业的拍摄辅助工具，在操作方面，手持云台也十分简单，只需要把手机固定在云台上就可以使用了。手持云台是对手机起支撑作用的工具，多用在影视剧拍摄当中，分为固定和电动两种。固定云台相比电动云台来说，视野范围和云台本身的活动范围较小，电动云台则能容纳更大的范围。

手持云台就是将云台的自动稳定系统引入到手机视频拍摄上来，它能自动根据视频拍摄者的运动或角度调整手机方向，使手机一直保持在一个平稳的状态，无论视频拍摄者在拍摄视频期间如何运动，手持云台都能保证手机视频拍摄的稳定，如图1-8所示。

图1-8　手持云台

手持云台，不仅可以轻松承载各种大尺寸手机，而且还能结合多样化的拓展性配件来搭配使用，例如外挂式镜头和柔光灯等工具。用户只需通过手动拨杆，便可实时调整镜头焦距，轻轻松松拍出惊艳的短视频。

1. 手持手机拍摄视频的效果模糊

用户打开手机相机，如果直接手持手机进行视频拍摄，就需要长时间保持同一个姿势，手难免会抖动，抖动就会造成画面模糊，如图1-9所示。

图1-9　直接用手拿着手机进行视频拍摄的效果

2．手持云台拍摄视频的效果清晰

使用手持云台拍摄的视频，画面纯净度得到极大的提升，可以将拍摄内容展现得更清晰，如图1-10所示。

图1-10　使用手持云台拍摄的视频效果

　专家提醒

手持云台一般来说重量较轻，女生也能轻松驾驭。手持云台可以一边充电一边使用，续航时间也很可观，而且还具有自动追踪和蓝牙功能，即拍即传。

1.1.4　手持稳定器：手持拍摄防抖，让随拍酷似电影

随着科技的发展，手机功能也越来越强大，尤其是手机相机的摄像功能得到了质的提升，越来越多的人放下了相机拿起了手机。但是，用手机拍摄视频时，需要用手握住手机进行拍摄，容易出现抖动、晃动的问题，毕竟人的手没办法一直保持手机的平衡。这时，手持稳定器就可以在拍摄视频时起到很好的稳定作用，可以让用户拍摄出专业的视频画面效果。

市面上比较热门的稳定器有智云、飞宇、魔爪、影能星云等。稳定器比手机云台的功能更多，也更加方便。比如，智云 SMOOTH 5 采用全按键设计，功能按键齐全，可以减少触屏次数，真正做到一键操控，实现一键拍摄各种不同场景的视频。如图 1-11 所示，为智云稳定器可以调节的按键。

图 1-11　智云稳定器可以调节的按键

稳定器，顾名思义，就是对拍摄起到稳定作用的设备。如图 1-12 所示，为使用智云 SMOOTH 5 拍摄的狗狗在草地上奔跑的视频。

图 1-12　智云 SMOOTH 5 拍摄狗狗奔跑的视频画面

如图 1-13 所示，为使用智云 SMOOTH 5 录制人物行走的视频，在录制视频的过程中，拍摄者一直跟随人物进行拍摄，拍摄出来的视频效果还是很稳定的。

图 1-13　智云 SMOOTH 5 拍摄人物行走的视频

 专家提醒

　　稳定器在连接手机之后，无需在手机上操作，就能实现自动变焦和视频滤镜切换，对于手机视频拍摄者来说，稳定器是一个很棒的选择。

1.1.5　手机三脚架：有助于拍出高品质更专业的画面

　　三脚架因三条"腿"而得名，三角形是公认的最稳固的图形，因此三脚架的稳定性可见一斑。而手机三脚架，就是用于固定手机的三脚架。

　　手机三脚架是用于拍摄中稳定拍摄器材，给拍摄器材作支撑的辅助器材。很多接触到拍摄的人都认识三脚架，但是很多人却并没有意识到三脚架的强大功能。

　　手机三脚架的最大优势就是稳定性，在拍摄延时视频、流水、流云等运动性的事物时，手机三脚架能很好地保持拍摄器材的稳定，从而取得很好的拍摄效果。自然，在手机视频的拍摄中，三脚架也起到了巨大的稳定作用。

在手机视频的拍摄中，除非特殊需要，否则都不希望视频画面晃动，所以想要保证视频画面的稳定，首先得保证手机的稳定，而手机三脚架就能很好地做到这一点，如图 1-14 所示。

图 1-14　手机三脚架

 专家提醒

在使用手机三脚架时应当注意当时地面的起伏，通常三脚架上有个气泡水平仪，在拍摄视频时应该将其调整至水平状态，防止地面不平造成三脚架倒下，摔坏手机。

那么，哪些情景下需要用到手机三脚架呢？下面列举一些日常需要用到手机三脚架时的场景。

（1）当使用手机拍摄视频时，应当使用三脚架进行支撑，防止手抖。

（2）拍摄夜景、光绘、星星时，需要较长的时间，手持拍摄的效果是不太理想的，因此借助三脚架进行辅助拍摄，可以使画面更加平稳。

（3）录制视频时，如果手持画面一般都会晃动或不平，而手机三脚架能保证画面平衡。

用户在选择三脚架时要注意，因为它主要起到稳定手机的作用，所以需要考虑三脚架的结实性。另外，由于三脚架需要长时间携带拍摄，所以还需要具备轻巧便携的特点。

 专家提醒

手机三脚架能够很好地保证手机的稳定性，而且大部分手机三脚架具有蓝牙功能和无线遥控功能，可以解放拍摄者的双手，远距离也能实时操控。

同时，手机三脚架还可以自由伸缩高度，满足某区间以内不同高度环境的视频拍摄。在价格方面，手机三脚架也比手持云台便宜，但比起手机支架来说，手机三脚架因其更为专业，所以价格会比手机支架要高一点。

1.1.6　手机自拍杆：自拍短视频必不可少的强大利器

自拍杆能够在一定长度内任意伸缩，用户只需将手机固定在伸缩杆上，通过遥控器就能实现多角度自拍，如图 1-15 所示。

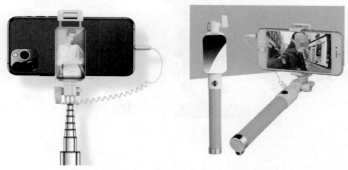

图 1-15　各种类型的自拍杆

通过自拍杆将手机摄像头固定在上端，即可上下调整角度，进行俯拍、侧拍、45°角拍摄等，可以帮助用户轻松寻找美颜、显瘦的角度。

辅助器材：轻松提升短视频的成像质量

除了稳定设备外，辅助器材对拍摄也有很大的帮助。那么，我们应该怎么借助辅助器材，提升短视频的成像质量呢？本节将为大家分享一些辅助器材的知识与使用方法。

1.2.1　小型滑轨：便携易带，方便外出摄影摄像拍摄

小型滑轨也是用手机拍摄视频可以用到的辅助工具，特别是在拍摄外景、动态场景时，小型滑轨就显得必不可少了，如图 1-16 所示。对于喜欢独自外

出拍摄视频的用户来说,如果你不想携带很多笨重的设备,那么这种小型滑轨就可以很好地满足你的需求。

在使用小型滑轨拍摄短视频时,脚架的选择也相当重要,会直接影响到拍摄的稳定性和流畅性。如果用户选择稳定性不高、重量不足的脚架,滑轨在滑动时会因为底部得不到有效的支撑,而出现画面不稳、不流畅的现象。因此,建议用户最好选择合适重量的脚架。

图1-16　小型滑轨

1.2.2　遥控快门:短视频远程控制,随时随地可操作

手机遥控快门通常以蓝牙的方式进行连接,打开手机蓝牙,搜索蓝牙设备,自拍杆会自动和手机进行配对并连接,利用蓝牙进行远程遥控,从而有效减少抖动问题。如图1-17所示,为手机遥控快门的功能按键说明。

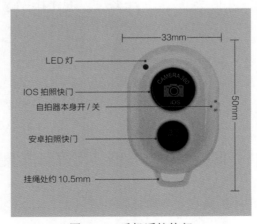

图1-17　手机遥控快门

手机遥控快门简单、便携、实用、时尚，可以帮助用户更好地进行自拍以及拍摄一些特殊的画面。手机与遥控快门配对后，即开即拍，可以避免手抖以及对焦难等问题，亦无需高举双手。

1.2.3 四合一镜头：微距+广角+鱼眼+偏振镜

四合一镜头主要是将微距镜头、广角镜头、鱼眼镜头和偏振镜组合到一起，然后将其外接到手机的摄像头上，从而可以满足用户的各种拍摄需求。

1．微距镜头

很多时候，我们想要拍清楚一朵花或者一只虫子，但只要手机一靠近，它就变得模糊了，此时就需要使用微距镜头。微距镜头可以将细微物体拍摄得很清晰，即使这些物体的拍摄距离非常近，也可以实现正确对焦，同时拥有更好的虚化背景效果，拍摄效果如图1-18所示。

图1-18 微距镜头拍摄效果

2．广角镜头

手机广角镜头的焦距通常都比较短，视角较宽，而且其景深很深，拍摄建筑、风景等较大场景的照片非常适合。与标准镜头相比，广角镜头的焦距更短，视角更大；与鱼眼镜头相比，广角镜头的焦距更长，视角更小。广角镜头最主要的特点是视野宽阔、景深长，可以使前景呈现出一种夸张的状态，同时表现出景物的远近感，增强画面的感染力。

3．鱼眼镜头

鱼眼镜头的拍摄视角非常大，可以让手机拍摄画面更加宽广，而且可以得到类似圆形的鱼眼效果，非常有趣。鱼眼镜头的焦距通常为 16mm 或更短，而且视角接近或等于 180°，从而达到或超出人眼所能看到的范围。鱼眼镜头可以让手机拍摄更加宽广的画幅。

4．偏振镜

偏振镜（Polarizer），也称 PL 镜、偏光镜，是一种滤色镜，它可以消除或减弱物体表面的反光，同时还可以增强画面的饱和度，还原色彩。使用手机偏振镜头拍摄的天空非常干净，拍摄效果如图 1-19 所示。

图 1-19　偏振镜拍摄效果

1.2.4　录音设备：没有声音画面再好也是白搭

普通的短视频，直接使用手机录音即可，而对于采访类、教程类、主持类、情感类或者剧情类的短视频来说，则对声音的要求比较高，推荐大家可以在 TASCAM、ZOOM 以及 SONY 等品牌中选择一些高性价比的录音设备。

（1）TASCAM：这个品牌的录音设备具有稳定的音质和持久的耐用性。例如，TASCAM DR-05X 录音笔的体积非常小，适合单手持用，而且可以保证采集的人声更为集中与清晰，收录效果非常好，适用于拍摄谈话类节目的短视频场景，如图 1-20 所示。

（2）ZOOM：ZOOM 品牌的录音设备做工与质感都不错，而且支持多个话筒，可以多用途使用，适合录制多人谈话类节目和情景剧类型的短视频。如图 1-21 所示，为 ZOOM H1N 手持数字录音机，这款便携式录音机能够真实还原拍摄现场的声音，录制的立体声效果可以增强短视频的真实感。

图 1-20　TASCAM DR-05X 录音笔

图 1-21　ZOOM H1N 手持数字录音机

（3）SONY：SONY 品牌的录音设备体积较小，比较适合录制各种单人短视频，如教程类或主持类的应用场景。如图 1-22 所示，为索尼 ICD-TX660 录音笔，不仅小巧便捷，可以随身携带录音，而且还具有智能降噪、七种录音场景、宽广立体声录音以及立体式麦克风等特殊功能。

图 1-22　索尼 ICD-TX660 录音笔

1.2.5　灯光设备：营造拍摄光线，增强美感度

在室内或者专业摄影棚内拍摄短视频时，通常要保证光感清晰、环境敞亮、可视物品整洁，因此需要有明亮的灯光和干净的背景。光线是获得清晰视频画面的有力保障，不仅能够增强画面氛围，而且还可以利用光线来创作更多有艺术感的短视频作品。下面介绍一些拍摄专业短视频时常用到的灯光设备。

（1）摄影灯箱：摄影灯箱能够带来充足且自然的光线，具体打光方式以实际拍摄环境为准，建议一个顶位，两个低位，适合各种音乐、舞蹈、课程和带货等类型的短视频场景，如图 1-23 所示。

（2）顶部射灯：顶部射灯的功率通常为 15 ～ 30W，用户可以根据拍摄场景的实际面积和安装位置来选择合适强度和数量的顶部射灯，适合舞台、休闲场所、居家场所、娱乐场所、服装商铺和餐饮店铺等拍摄场景。

（3）美颜面光灯：美颜面光灯通常带有美颜、美瞳和靓肤等功能，光线质感柔和，同时可以随场景自由调整光线亮度和补光角度，拍出不同的光效，适合拍摄彩妆造型、美食试吃、主播直播以及人像视频等场景，如图1-24所示。

图 1-23　摄影灯箱

图 1-24　美颜面光灯

1.2.6　其他设备：轻松拍出电影级的视频效果

除了以上介绍的辅助设备之外，还有一些其他的设备也能让用户用手机拍出高质量的短视频效果，下面为大家一一介绍。

（1）绿色背景布：这是拍摄创意合成类短视频必不可缺的设备，方便用户进行抠像合成和更换背景等视频处理，适用于各种后期场景，如图1-25所示。

（2）小摇臂：使用小摇臂来固定手机，可以360°旋转拍摄，并通过手柄来控制镜头的俯仰程度，实现不同角度的拍摄效果，如图1-26所示。

图 1-25　绿色背景布

图 1-26　小摇臂设备

（3）提词器：提词器可以导入文本和图片，显示文案内容，主要用于拍摄歌曲MV、美食制作、产品带货、课程培训、名家专访、新闻评论、影视解说以及开箱评测等类型的短视频场景，还可以用来播放歌词，能够极大地提高短视频的拍摄效率，如图 1-27 所示。

图 1-27　提词器设备

（4）怪手支架：怪手支架也是一种稳定
设备，可以同时安装多种拍摄器材，如相机、
手机和闪光灯等，从而让摄影、视频和布光
能够同时进行，如图 1-28 所示。

（5）无线图传：无线图传设备主要用于
图像传输和画面监看，适用于活动直播和视
频拍摄等场景，能够让拍摄者在使用稳定器
拍摄高难度的运动镜头时，实时观察手机或
平板等监看设备，以查看画面效果并做出运
镜调整，如图 1-29 所示。

图 1-28　怪手支架设备

图 1-29　无线图传设备

第2章
拍摄功能：轻松拍出高质量的短视频

本章要点

我们在拍摄短视频的时候，常常会发现拍出来的视频效果和我们理想中的效果还是会有些差距，比如在拍摄时画面抖动比较严重、视频的画面模糊、视频没有对焦等。那么，面对这些问题，怎样才能用手机做到拍摄出来的视频是我们想要的效果呢？本章将从手机设置和拍摄功能进行介绍。

2.1 技能提升：拍摄干货助力轻松出大片

手机是最常见、最便捷的拍摄工具，怎么运用手机拍出大片质感呢？本节将教你如何设置手机拍摄功能，让你轻松掌握手机拍摄技巧，成为手机拍摄高手。

2.1.1 拍视频的持机方式与技巧

拍摄器材是否稳定，会在很大程度上决定视频画面的清晰度，如果手机在拍摄时不够稳定，就会导致拍摄出来的视频画面也跟着摇晃，从而使画面变得十分模糊。如果手机被固定好，那么在视频的拍摄过程中就会十分平稳，拍摄出来的视频画面效果也会非常清晰。

大部分情况下，在拍摄短视频时，我们都是用手持的方式来保持拍摄器材的稳定性。用双手夹住手机，从而保持稳定，如图 2-1 所示。

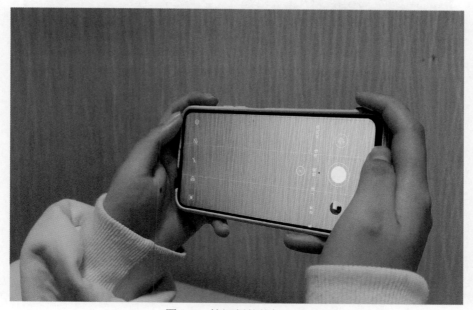

图 2-1 拍视频的持机方式

🔘 **专家提醒**

千万不要只用两根手指夹住手机，尤其在一些高的建筑、山区、湖面以及河流等地方拍视频，这样做手机非常容易掉下去。如果你一定要单手持机，则最好用手紧紧握住手机；如果是两只手持机，则可以使用"夹住"的方式，这样更加稳固。

如图 2-2 所示，为用双手夹住手机拍摄的短视频，保持手机的稳定，可以减少画面的抖动，从而获得清晰的画面效果。

图 2-2　用双手夹住手机拍摄的短视频画面

2.1.2 用好手机自带的视频拍摄功能

随着手机功能的不断升级，智能手机都有视频拍摄功能，但不同品牌或型号的手机，视频拍摄功能也会有所差别。下面主要以荣耀9X手机为例，介绍手机相机拍摄功能的设置技巧。

步骤 1 在手机上打开手机相机后，点击"录像"按钮，即可进入"录像"界面，如图2-3所示。

步骤 2 点击 按钮，进入相应界面，即可设置闪光灯的开启和关闭状态，默认状态下闪光灯为关闭状态，点击 按钮，如图 2-4 所示，可以开启闪光灯功能，在弱光情况下为视频画面进行适当补光。

图 2-3 进入"录像"界面　　　图 2-4 点击 按钮

步骤 3 在"录像"界面中点击 按钮，进入滤镜选项区，如图2-5所示，选择不同的滤镜，即可查看滤镜效果。

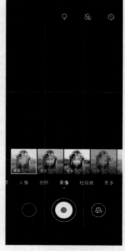

图 2-5 进入滤镜选项区

步骤 4 点击 ⚙ 图标，进入"设置"界面，在"通用"选项区中开启"参考线"功能，即可打开九宫格辅助线，帮助用户更好地进行构图取景，如图 2-6 所示。

图 2-6　打开九宫格辅助线

如图 2-7 所示，为使用荣耀 9X 手机拍摄的夜景短视频，其后置主摄像头为 4800 万像素的镜头。

图 2-7　荣耀 9X 手机拍摄的夜景短视频画面

2.1.3　设置手机视频的分辨率和帧率

在拍摄短视频之前，用户需要选择正确的视频分辨率和视频帧率，通常建议将分辨率设置为 1080p（FHD）、18：9（FHD ＋）或者 4K（UHD）。

- 1080p 又可以称为 FHD（Full High Definition，全高清模式），一般能达到 1920×1080 的分辨率。
- 18:9（FHD ＋）是一种略高于 2K 的分辨率，也就是加强版的 1080p。
- UHD（Ultra High Definition，超高清模式），即通常所指的 4K，其分辨率 4 倍于全高清（FHD）模式。

下面以荣耀 9X 为例，介绍设置手机视频分辨率和帧率的操作方法。

步骤 1 点击"录像"界面中的 按钮，进入"设置"界面，❶在"视频"选项区中选择"视频分辨率"选项；❷在弹出的选项框中选中[16：9]1080p 右侧的单选按钮，如图 2-8 所示。

步骤 2 ❶选择"视频帧率"选项；❷在弹出的选项框中选中 60fps 右侧的单选按钮，设置视频帧率，如图 2-9 所示。

图 2-8　设置视频分辨率

图 2-9　设置视频帧率

如图 2-10 所示，为使用荣耀 30 Pro 手机拍摄的短视频画面效果，这款手机采用了 4000 万像素的主摄像头 +1600 万的超广角镜头 +50 倍的潜望式手持超稳长焦镜头 +TOF 深感镜头的四摄系统，而且前后摄像头都支持 4K 视频的拍摄，面对强光也能轻松应付。

图 2-10　拍摄的短视频画面效果

2.1.4 设置手机对焦点拍出清晰的画面

对焦是指通过手机内部的对焦机构来调整物距和相距的位置，从而使拍摄对象清晰成像的过程。在拍摄短视频时，对焦是一项非常重要的操作，是影响画面清晰度的关键因素。尤其是在拍摄运动状态的主体时，对焦不准画面就会模糊。

要想实现精准的对焦，首先要确保手机镜头的洁净。手机不同于相机，镜头通常都是裸露在外面的，如图 2-11 所示，如果手机镜头沾染灰尘或污垢等杂物，就会对视野造成遮挡，同时还会使得进光量降低，从而导致无法精准对焦，拍摄的视频画面也会虚化。

图 2-11　裸露在外面的手机镜头

因此，对于手机镜头的清理不能马虎，用户可以使用专业的清理工具，或者十分柔软的布，将手机镜头上的灰尘清理干净。

手机通常都是自动进行对焦的，但在检测到主体时，会有一个非常短暂的合焦过程，此时画面会轻微模糊或者抖动一下。因此，用户可以等待手机完成合焦并清晰对焦后，再按下快门去拍摄视频，如图 2-12 所示。

手机合焦过程中，画面出现短暂模糊

图 2-12

图 2-12　在手机完成对焦后再按快门

　　大部分手机会自动将焦点放在画面的中心位置或者人脸等上，如图 2-13 所示。用户在拍摄视频时也可以通过点击屏幕的方式来改变对焦点的位置。

图 2-13　以人脸作为对焦点

　　在手机取景屏幕上用手指点击你想要对焦的地方，点击的地方就会变得更加清晰，而距离点击点越远的地方则虚化效果越明显，如图 2-14 所示。

图 2-14　点击屏幕选择对焦点

　　在对焦框的边上，还可以看到一个太阳图标，拖曳该图标能够精准控制画面的曝光范围，如图 2-15 所示，用户可以根据自我拍摄需求对曝光进行调整，从而达到自己想要的画面亮度。

图 2-15 调整曝光范围

 专家提醒

很多手机还带有"自动曝光/自动对焦锁定"功能，可以在拍摄视频时锁定对焦，让主体始终保持清晰。例如，苹果手机在拍摄模式下，只需长按屏幕 2s，即可开启"自动曝光/自动对焦锁定"功能。

如图 2-16 所示，为使用荣耀 X20 手机拍摄的短视频，该手机的自动对焦能力非常强大，不管是房屋，还是森林，都能清晰成像。

图 2-16

图 2-16　清晰成像的短视频画面

2.1.5　用好手机的变焦功能拍摄远处

变焦是指在拍摄视频时将画面拉近，从而拍到远处的景物。另外，通过变焦功能拉近画面，还可以减少画面的透视畸变，获得更强的空间压缩感。不过，变焦也有弊端，那就是会损失画质，影响画面的清晰度。

以华为手机为例，视频拍摄界面中，在右侧可以看到一个变焦控制条，拖曳变焦按钮◉，即可调整焦距放大画面，同时画面中央会显示目前所设置的变焦参数，如图 2-17 所示。

图 2-17　调整焦距放大画面

　　如果用户使用的是比较旧款的手机，可能视频拍摄界面中没有这些功能按钮，此时用户也可以通过双指按住屏幕，然后张开手指对视频画面进行变焦调整，如图 2-18 所示。

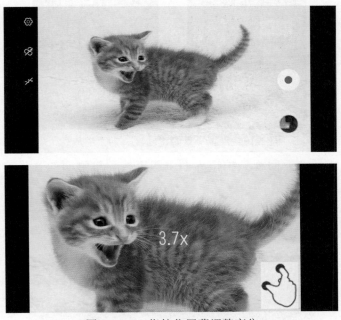

图 2-18　双指按住屏幕调整变焦

专家提醒

　　用户可以通过在手机上加装变焦镜头，在保持原拍摄距离的同时，仅通过变动焦距来改变拍摄范围，这对于画面构图非常有用。变焦镜头可以在一定范围内改变焦距比例，从而得到不同宽窄的视场角，使手机拍摄远景和近景都毫无压力。

　　另外，用户还可以通过后期视频软件裁剪画面，裁掉多余的背景，也能实现拉近画面来突出主体的效果。

　　除了按住屏幕和裁剪画面可以调整画面焦距外，有些手机还可以通过上下音量键来控制焦距。以华为手机为例，进入"设置"界面，❶选择"音量键功能"选项；❷在"音量键功能"界面中选中"缩放"单选按钮即可，如图 2-19 所示。

图 2-19　设置"音量键功能"为"缩放"

　　设置完成后，返回视频拍摄界面，即可按手机侧面的音量键来控制画面的变焦参数。

　　如图 2-20 所示，为使用荣耀手机拍摄的猫咪短视频，通过手机变焦功能的调整，可以清晰地看到猫咪毛发的细节。

图 2-20　猫咪短视频画面

2.2 摄影功能：小小功能用处极大

　　手机相机自带的摄影功能，在不同的情景之下可以发挥出意想不到的结果。例如，镜头滤镜功能可以拍摄出不同色调和风格的照片或视频；慢动作功能可以放慢视频的速度，给人一种时间凝滞的错觉感；人脸跟随，能跟随人脸来拍摄等。下面将为大家介绍手机的摄影功能。

2.2.1　镜头滤镜：自带特效瞬间提高照片的格调

　　手机相机里一般都会自带一些滤镜效果，在录制一些特别的画面时，滤镜可以强化气氛，可以让视频画面更具有代入感。

步骤1 打开相机，在"录像"界面中点击🔀按钮，如图 2-21 所示。

图 2-21　点击相应按钮

步骤2 执行操作后，进入滤镜选项区，可以选择不同的滤镜查看录制的视频画面效果，如图 2-22 所示。

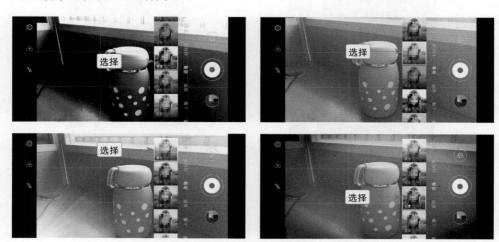

图 2-22　查看不同的录制视频画面效果

31

2.2.2 慢动作功能：给人一种时间凝滞的错觉感

随着手机处理器性能的增强，越来越多的摄像功能加入到手机相机功能中，比如慢动作功能，从慢动作一开始出现，就受到很多摄影爱好者的青睐。如今，慢动作功能在智能手机中得到了普及，大部分的智能手机都自带慢动作功能，摄影爱好者也可以通过手机来录制慢动作。

另外，并不是所有的智能手机都能在技术上达到专业的水平。不同型号的手机的慢动作功能，录制出来的慢动作效果也会有所差距。因此，用户可以选择性能比较好的手机，录制慢动作视频。

下面以荣耀 9X 手机为例，介绍录制慢动作视频的操作方法。

步骤 1 打开手机相机，❶点击"更多"按钮，进入"更多"界面；❷选择"慢动作"功能，如图 2-23 所示。

步骤 2 切换至"慢动作"选项卡，点击视频画面中的方框调整对焦，对准拍摄的主体，如图 2-24 所示。

图 2-23 选择"慢动作"功能

图 2-24 对准拍摄的主体

步骤3 点击下方的红色录制按钮，手机下方会显示"正在检测方框内物体运动…"，如图 2-25 所示。一旦检测到运动的物体，就会自动开始录制慢动作视频。

步骤4 待视频录制完成后，手机将自动保存录制好的视频效果，如图 2-26 所示。

图 2-25　显示"正在检测方框内　　图 2-26　保存好的慢动作
　　　　物体运动…"　　　　　　　　　　视频

2.2.3　人脸跟随：独自旅行也可以给自己拍视频

随着科技的发达，不少手机的功能也越来越齐全了，有些手机甚至可以做到人脸抓拍抓录的功能了，本小节介绍人脸跟随拍摄。人脸跟随就是在能检测到人脸的情况下，镜头跟随着人脸左右转动。例如，维圣是专门为人脸跟随而设置出来的稳定器，只要能识别到人脸，跑步也能追踪上。

只要在手机上安装维圣稳定器自带的软件，然后把手机装在稳定器上，在手机中打开蓝牙和该软件，在连接稳定器后，选择智能跟随模式，就可以实现人脸跟随的效果了。

2.2.4　闪光灯：夜晚录视频的好帮手

用户通常在使用手机拍摄夜景时会因为光线不足而烦恼，这时就需要夜景好帮手——闪光灯。

闪光灯是能以非常快的速度打出一道强光的手机自带功能。手机自带的闪光灯，通常位于手机后置摄像头附近的位置，这样的设置能更好地拍摄出画面效果。在手机相机中点击"闪光灯"按钮⚲，就可以设置在录制视频时是否开启闪光灯功能。

1．没有使用闪光灯录制的夜景视频

在没有使用闪光灯录制的夜景视频中，主体不清晰，找不到焦点，整体很昏暗，曝光明显不足，如图 2-27 所示。

图 2-27　没有使用闪光灯录制的夜景视频

2．使用闪光灯录制的夜景视频

闪光灯通常用于在昏暗的环境中或夜晚进行摄影，它能够给予强大的光线以照明主体。在开启闪光灯后，主体被完全照亮，曝光充足，焦点准确，如图 2-28 所示。

图 2-28　使用闪光灯录制的夜景视频

2.2.5　网格功能：聚焦观众的眼球到某个场景上

在同样的色彩、影调和清晰度下，构图更好的短视频，画面美感也会更高。因此，我们在使用手机拍摄视频时，可以充分利用相机内的网格功能，帮助我们更好地进行构图，获得更完美的画面比例。

网格功能通常采用 3×3 平分的方式，将手机屏幕分成 9 个大小相等的格子，在拍摄时，可以将要突出的主体对象安排在这些网格线条的交叉点上，这样可以很好地聚焦观众眼球，传达拍摄主题。如图 2-29 所示，为网格功能拍摄的三分线构图效果。

图 2-29　使用网格功能来突出视频主题

第 3 章

构图技巧：让短视频画面更具有美感

🎙 本章要点

　　想要拍出唯美的视频画面，就得先了解什么是构图，构图能使视频的画面更具有美感，也能使视频画面更具有故事感。那么，在怎样的情景下使用何种构图，才能让画面更具有美感和故事感呢？本章将从构图原则和构图技巧两个方面为大家介绍。

构图原则：突出主体、均衡画面

在拍摄短视频时，构图原则是十分重要的，遵循构图原则能使视频画面更唯美，突出视频画面的主体。

3.1.1 短视频画幅构图应该如何选择

画幅是影响短视频构图取景的关键因素，用户在构图前要先决定好短视频的画幅。画幅是指短视频的取景画框样式，通常包括横画幅、竖画幅和方画幅 3 种，也可以称为横构图、竖构图和正方形构图。

1. 横构图

横构图就是将手机水平持握拍摄，然后通过取景器横向取景，如图 3-1 所示。因为人眼的水平视角比垂直视角要更大一些，因此横画幅在大多数情况下会给观众一种自然舒适的视觉感受，同时可以让视频画面的还原度更高。

图 3-1 横向取景拍摄

如图 3-2 所示，为横构图拍摄的日落视频画面，能够表现出安静、宽广、平衡以及宏大的感觉，适合展现环境和空间。

图 3-2　横构图拍摄的视频画面

2．竖构图

竖构图就是将手机垂直持握拍摄，拍出来的视频画面拥有更强的立体感，比较适合拍摄具有高大、线条以及前后对比等特点的短视频题材，如图 3-3 所示。

图 3-3　竖构图取景拍摄

在拍摄抖音和快手等短视频时，默认都是竖构图的方式，画幅比例为9:16，如图 3-4 所示。

图 3-4　抖音（左图）和快手（右图）的视频拍摄界面

3. 正方形构图

正方形构图的画幅比例为 1∶1，要拍出正方形构图的短视频画面，通常要借助一些专业的短视频软件，如美颜相机、小影、VUE Vlog、剪映以及无他相机等 App。

下面以剪映 App 为例，介绍短视频软件中拍摄正方形构图的操作方法。

打开剪映 App，点击"拍摄"按钮，进入"视频"拍摄界面，❶点击⚙按钮；❷进入二级工具栏，选择 9∶16 选项；❸进入三级工具栏，选择 1∶1 的尺寸即可，如图 3-5 所示。

图 3-5　设置为正方形构图的画幅

　　另外，用户也可以在前期拍摄成横构图或者竖构图，然后通过后期剪辑软件将其裁剪为正方形构图，下面以剪映 App 为例介绍具体的操作方法。

步骤 1 在剪映 App 中导入视频素材，可以看到视频为横构图形式，在工具栏中点击"比例"按钮，如图 3-6 所示。

步骤 2 在比例工具栏中选择 1∶1 选项，即可将视频调整为正方形构图形式，如图 3-7 所示。

图 3-6　点击"比例"按钮　　图 3-7　选择 1∶1 选项

教学视频

案例效果

步骤 3 在预览区域用双指按住屏幕，放大画面为全屏大小，如图 3-8 所示。

步骤 4 播放预览视频，可以看到横构图的视频变成了正方形构图，画面效果如图 3-9 所示。

图 3-8　放大画面　　图 3-9　预览视频

专家提醒

正方形构图能够缩小视频画面的观看空间，这样观众无需移动视线去观看全部画面，从而更容易抓住视频中的主体对象。

3.1.2 用前景构图突出画面的点睛之笔

前景，最通俗的解释就是位于视频拍摄主体与镜头之间的事物。前景构图是指利用恰当的前景元素来构图取景，可以使视频画面具有更强烈的纵深感和层次感，同时也能极大地丰富视频画面的内容，使视频更加鲜活饱满。因此，我们在进行视频拍摄时，可以将身边能够充当前景的事物拍摄到视频画面当中来。

前景构图有两种操作思路，一种是将前景作为陪体，将主体放在中景或背景位置上，用前景来引导视线，使观众的视线聚焦到主体上。如图 3-10 所示，以草丛为前景作陪体，建筑为主体。

图 3-10　将前景作为陪体

另一种则是直接将前景作为主体，通过背景环境来烘托主体。如图 2-11 所示，以蜻蜓作为主体，背景作陪体。

图 3-11　将前景作为主体

在构图时，给视频画面增加前景元素，主要是为了让画面更有美感。那么，哪些前景值得我们选择呢？在拍摄短视频时，可以作为前景的元素有很多，例如花草、树木、水中的倒影、道路、栏杆以及各种装饰道具等，不同的前景有不同的作用，如图 3-12 所示。

❶将水面作为前景（作用：增添气氛）

❷将草地作为前景（作用：交代环境）

图 3-12　不同的前景元素

 专家提醒

一般情况下任何一个短视频作品，不管精彩与否，画面上都有一个突出的主体对象。为了使所拍摄的画面有一个完美的视觉效果，拍摄者都会想尽办法来突出主体，因此突出主体是短视频构图的一个基本要求。

3.1.3 试试更容易抓人眼球的中心构图

中心构图又可以称为中央构图，简而言之，就是将视频主体置于画面正中间进行取景。中心构图最大的优点在于主体突出、明确，而且画面可以达到上下左右平衡的效果，更容易抓人眼球。

拍摄中心构图的视频非常简单，只需要将主体放置在视频画面的中心位置即可，而且不受横竖构图的限制，如图 3-13 所示。

横画幅中心构图　　　　　　　　竖画幅中心构图

图 3-13　中心构图

拍摄中心构图的相关技巧如下。

（1）选择简洁的背景。使用中心构图时，尽量选择背景简洁的场景，或者主体与背景的反差比较大的场景，这样能够更好地突出主体。

（2）制造趣味中心点。中心构图的主要缺点在于效果比较呆板，因此拍摄时可以运用光影角度、虚实对比、肢体动作、线条韵律以及黑白处理等方法，制造一个趣味中心点，让视频画面更加吸引眼球。

如图 3-14 所示，为采用"推镜头＋中心构图"拍摄的美食视频画面，其构图形式非常精练，在运镜的过程中始终将美食放在画面中间，观众的视线会自然而然地集中到主体上，让你想表达的内容一目了然。

图 3-14　美食短视频画面

3.1.4 善用9种对比构图让作品更具吸引力

对比构图的含义很简单，就是通过不同形式的对比，强化画面的构图，产生不一样的视觉效果。对比构图的意义有两点：一是通过对比产生区别，以强化主体；二是通过对比来衬托主体，起辅助作用。

对比反差强烈的短视频作品，能够给观众留下深刻的印象。下面笔者总结了对比构图的9种拍法，用好了即可使短视频的主题更鲜明、更富有内涵，同时画面也更吸引人。

（1）大小对比构图。大小对比构图通常是指在同一画面中利用大小两种对象，以小衬大，或以大衬小，使主体得到突出。在拍摄短视频时，可以运用构图中的大小对比来突出主体，但注意画面要尽量简洁。

（2）远近对比构图。远近对比构图法是指运用远处与近处的对象，进行距离上或体积上的对比，来布局画面元素，如图 3-15 所示。在实际拍摄时，需要拍摄者独具匠心，找到远近可以进行对比的对象，然后从某一个角度切入进行拍摄。

图 3-15　远近对比构图（近处的船与远处的山形成对比）

（3）虚实对比构图。虚实对比构图是一种利用景深拍摄视频，让背景与主体产生虚实区别的构图法。这种虚实对比的画面，会让人们将视线放在画面中的清晰物体上，忽略那些模糊的、看不清的物体，这就是虚实对比带来的观赏效果，如图 3-16 所示。

图 3-16　虚实对比构图（虚化的背景和清晰的前景形成对比）

（4）明暗对比构图。明暗对比指的是两种不同亮度的物体同时存在于视频画面之中，对观众眼睛进行有力冲击，从而增强短视频的画面感，如图3-17所示。

图3-17　明暗对比构图（天空与石门形成明暗对比）

（5）颜色对比构图。颜色对比构图包括色相对比、冷暖对比、明度对比、纯度对比、补色对比、同色对比以及黑白灰对比等多种类型。人们在欣赏视频时，通常会先注意那些色彩鲜艳的部分，拍摄者可以利用这一特点来突出视频主体。

（6）质感对比构图。质感对比构图指的是画面中不同元素之间不同质感的对比，如细腻与粗糙的质感对比或者坚硬与柔软的质感对比等，这种对比可以很好地体现出拍摄者的情感和思想。

（7）形状对比构图。形状对比构图就是利用视频画面中的不同元素之间的形状差异来进行对比构图，这可以对观众视线产生吸引效果，同时画面会更具有观赏性，如图3-18所示。

图3-18　形状对比构图（窗户的弧形和矩形形成形状对比）

（8）动静对比构图。动静对比构图就是画面中处于运动趋势的元素和处于静止状态的元素产生了对比关系，如图 3-19 所示。拍摄动静对比构图的画面一定要眼疾手快，迅速抓拍，或者在发现有运动趋势的元素时，提前把拍摄设备拿出来拍摄。

图 3-19　动静对比构图（运动的汽车和静止的背景元素形成对比）

（9）方向对比构图。方向对比构图主要利用画面中不同元素的方向形成对比，包括视线的方向和运动的方向等，可以带来悬念感和紧张感，如图 3-20 所示。

图 3-20　方向对比构图（面向左方和面向右方的石雕形成对比）

 3.2　构图技巧：让你轻松拍出电影感

在拍摄短视频时，构图是指通过安排各种物体和元素，来实现一个主次关系分明的画面效果。我们在拍摄短视频场景时，可以通过适当的构图方式，将自己的主题思想和创作意图形象化和可视化地展现出来，从而创造出更出色的视频画面效果。

3.2.1　黄金分割：自然、舒适、赏心悦目

黄金分割构图法是以 1∶1.618 这个黄金比例作为基本理论，包括多种形式，可以让视频画面更自然、舒适、赏心悦目，更能吸引观众的眼球。如图 3-21 所示，为采用黄金比例线构图拍摄的视频画面，能够让观众的视线焦点瞬间聚焦到飞鸟主体上。

图 3-21　黄金比例线构图拍摄的视频示例

专家提醒

黄金比例线是在九宫格的基础上，将所有线条都分成 3/8、2/8、3/8 三条线段，则它们中间的交叉点就是黄金比例点，是画面的视觉中心。在拍摄视频时，可以将要表达的主体放置在这个黄金比例线的比例点上，以此来突出画面主体。

黄金分割线还有一种特殊的表达方法，那就是黄金螺旋线，它是根据斐波那契数列画出来的螺旋曲线，是自然界最完美的经典黄金比例。如图 3-22 所示，为采用黄金螺旋线构图拍摄的蜜蜂采蜜视频，可以让画面更耐看、更精致。

图 3-22　黄金螺旋线构图拍摄的视频示例

很多手机相机都自带了黄金螺旋线构图辅助线，用户在拍摄时可以直接打开该功能，将螺旋曲线的焦点对准主体即可，然后再切换至视频模式拍摄。

3.2.2　九宫格构图：突出主体、均衡画面

九宫格构图又叫井字形构图，是指用横竖各两条直线将画面等分为 9 个空间，不仅可以让画面更加符合人们的视觉习惯，而且还能突出主体、均衡画面。如图 3-23 所示，将人物的头部安排在九宫格左上角的交叉点位置附近，可以让人物的面部神态更加突出。

图 3-23　九宫格构图拍摄的视频示例

专家提醒

使用九宫格构图拍摄视频，不仅可以将主体放在 4 个交叉点上，也可以将其放在 9 个空间格内，从而使主体非常自然地成为画面的视觉中心。

3.2.3 水平线构图：让画面显得更加稳定

水平线构图就是以一条水平线来进行构图取景，给人带来辽阔和平静的视觉感受。水平线构图需要前期多看、多琢磨，寻找一个好的拍摄地点进行拍摄。水平线构图方式对于拍摄者的画面感有着比较高的要求，看似是最为简单的构图方式，反而常常要花费非常多的时间去拍摄出一个好的视频作品。

如图3-24所示，为采用水平线构图拍摄的胡杨林短视频，用水平线分割整个画面，可以让画面达到绝对的平衡，体现出不一样的视觉感受。

图3-24 水平线构图拍摄的视频示例

对于水平线构图的拍法最主要的就是寻找到水平线，或者与水平线平行的直线，笔者在这里分为两种类型为大家进行讲解。

第一种就是直接利用水平线进行视频的拍摄，如图3-25所示。

第二种就是利用与水平线平行的线进行构图，例如地平线等，如图3-26所示。

图 3-25　利用水平线进行视频的拍摄

图 3-26　利用地平线进行视频的拍摄

3.2.4　三分线构图：符合人眼的观看习惯

　　三分线构图是指将画面从横向或纵向分为三部分，在拍摄视频时，将对象或焦点放在三分线的某一位置上进行构图取景，让对象更加突出，让画面更加美观。

　　三分线构图的拍摄方法十分简单，只需要将视频拍摄主体放置在拍摄画面的横向或者纵向三分之一处即可。如图 3-27 所示，视频画面中上面三分之二为天空晚霞和建筑，下面三方之一为江面，可以形成一种动静对比。

图 3-27 三分线构图拍摄的视频示例

采用三分线构图拍摄短视频最大的优点就是，将主体放在偏离画面中心的三分之一位置处，使视频画面不至于太枯燥或呆板，还能突出视频的拍摄主题，使画面紧凑有力。

3.2.5 斜线构图：具有很强的视线导向性

斜线构图主要利用画面中的斜线引导观者的目光，同时能够展现物体的运动、变化以及透视规律，可以让视频画面更有活力感和节奏感，如图 3-28 所示。

斜线的纵向延伸可加强画面深远的透视效果，而斜线的不稳定性则可以使画面富有新意，给观众带来独特的视觉效果。

在拍摄短视频时，想要取得斜线构图效果也不是难事，一般来说利用斜线构图拍摄视频主要有以下两种方法。

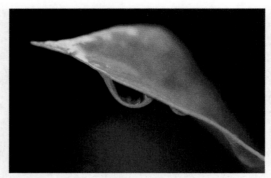

图 3-28　斜线构图拍摄的视频示例

一种是利用视频拍摄主体本身具有的线条构成斜线。如图 3-29 所示，为从侧面取景拍摄大桥的短视频，大桥在画面中形成了一条斜线，让整个视频画面更有活力。

图 3-29　利用视频拍摄主体本身具有的线条构成斜线

另一种则是利用周围环境或道具，在视频中构成斜线。如图 3-30 所示，视频中的主体是人物，但单独拍摄人物未免太过单调，于是拍摄者就利用台阶来构成斜线，让视频画面更丰富。

图 3-30　利用周围环境构成斜线

3.2.6　对称构图：平衡、稳定、相互呼应

对称构图是指画面中心有一条线把画面分为对称的两部分，可以是画面上下对称，也可以是画面左右对称，或者是画面的斜向对称，这种对称画面会给人一种平衡、稳定、和谐的视觉感受。

如图 3-31 所示，以古桥的中心为垂直对称轴，画面左右两侧的元素对称排列，拍摄这种视频画面时注意要横平竖直，尽量不要倾斜。

图 3-31　左右对称构图拍摄的视频示例

如图 3-32 所示，以地面与水面的交界线为水平对称轴，水面清晰地反射了上方的景物，形成上下对称构图，让视频画面的布局更为平衡。

图 3-32　上下对称构图拍摄的视频示例

3.2.7 框式构图：被框后主角才会更显眼

框式构图也叫框架式构图，也有人称为窗式构图或隧道构图。框式构图的特征是借助某个框式图形来构图，而这个框式图形，可以是规则的，也可以是不规则的，可以是方形的，也可以是圆的，甚至是多边形的。

框式构图的重点，是利用主体周边的物体构成一个边框，可以起到突出主体的效果。框式构图主要是通过门窗等作为前景形成框架，透过门窗框的范围引导欣赏者的视线至被摄对象上，使得视频画面的层次感得到增强，同时具有更多的趣味性，形成不一样的画面效果。

想要拍摄框式构图的视频画面，就需要寻找到能够作为框架的物体，这就需要我们在日常生活中多仔细观察，留心身边的事物。如图3-33所示，为利用方形的相框雕塑作为框架进行构图，能够增强视频画面的纵深感。

图 3-33　利用周围环境的框式结构进行构图

3.2.8 透视构图：由近及远形成的延伸感

透视构图是指视频画面中的某一条线或某几条线，有由近及远形成的延伸感，能使观众的视线沿着视频画面中的线条汇聚成一点。

在短视频的拍摄中，透视构图可以分为单边透视和双边透视：单边透视是指视频画面中只有一边带有由近及远形成延伸感的线条，这能增强视频拍摄主体的立体感；双边透视则是指视频画面两边都带有由近及远形成延伸感的线条，能很好地汇聚观众的视线，使视频画面更具有动感和深远意味，如图3-34所示。

图 3-34　透视构图拍摄的视频示例

3.2.9　几何形构图：让画面更具形式美感

几何形构图主要是利用画面中的各种元素组合成一些几何形状，比如矩形、三角形、方形和圆形等，让作品更具形式美感。

1．矩形构图

矩形在生活中比较常见，如建筑外形、墙面、门框、窗框、画框和桌面等。矩形是一种非常简单的画框分割形态，用矩形构图能够让画面呈现出静止、不屈和正式的视觉效果。如图 3-35 所示，为利用古戏台建筑上的矩形结构来构图取景，可以让视频画面更加中规中矩、四平八稳。

图 3-35　矩形构图

2．圆形构图

圆形构图主要是利用拍摄环境中的正圆形、椭圆形或不规则圆形等物体来取景，可以给观众带来旋转、运动、团结一致和收缩的视觉美感，同时还能够产生强烈的向心力。

如图 3-36 所示，为采用墙窗的圆形结构进行构图，非常适合拍摄这种恬静、舒缓的短视频作品，这种构图能够让画面看上去更加优美、柔和，还可以起到引导观众视线的作用。

图 3-36　圆形构图

3．三角形构图

三角形构图主要是指画面中有 3 个视觉中心，或者用 3 个点来安排景物构成一个三角形，这样拍摄的画面极具稳定性。三角形构图包括正三角形（坚强、踏实）、斜三角形（安定、均衡、灵活性）或倒三角形（明快、紧张感、有张力）等不同形式。

如图 3-37 所示，视频中人物的坐姿让身体在画面中刚好形成了一个三角形，在创造平衡感的同时还能够为画面增添更多动感。需要注意的是，这种三角形构图法一定要自然，仿佛构图和视频融为一体，而不是刻意为之。

图 3-37　三角形构图

第4章

运镜技巧：增强画面丰富性与趣味性

本章要点

　　在拍摄短视频时，运用运镜技巧拍摄能让我们的视频画面更具有趣味性，同样也能使我们视频画面的故事感更加突出，用户能通过视频更好地进入故事本身。那么，如何使用运镜技巧来表达呢？在拍摄时，怎么掌握镜头语言和运镜手法，才能拍摄出恰到好处的视频画面呢？

4.1 镜头语言：11 种类型适用不同的场景

本节主题是短视频的镜头语言，从一些精彩的短视频案例入手，分别介绍镜头的基本语言、拍摄角度和多种镜头景别类型，让大家能够更加全面、直观地感受到不同镜头语言的魅力，同时帮助大家积累必备的短视频拍摄基础知识。

4.1.1 固定镜头：固定机位拍摄

短视频的拍摄镜头包括两种常用类型，分别为固定镜头和运动镜头。固定镜头就是指在拍摄短视频时，镜头的机位、光轴和焦距等都保持固定不变，适合拍摄画面中有运动变化的对象，例如车水马龙和日出日落等画面。

如图 4-1 所示，为采用三脚架固定手机镜头拍摄的流云延时视频，这种固定镜头的拍摄形式，能够将天空中云卷云舒的画面完整地记录下来。

图 4-1 使用固定镜头拍摄云卷云舒的画面

4.1.2 镜头角度：用好就能出大片

使用运镜手法拍摄短视频前，用户首先要掌握各种镜头角度，例如平角、斜角、仰角和俯角等，熟悉角度后能够让你在运镜时更加得心应手。

（1）平角：即镜头与拍摄主体保持水平方向的一致，镜头光轴与对象（中心点）齐高，能够更客观地展现拍摄对象的原貌，如图4-2所示。

图 4-2 使用平角镜头拍摄的视频示例

（2）斜角：即在拍摄时将镜头倾斜一定的角度，从而产生一定的透视变形的画面失调感，能够让视频画面显得更加立体，如图4-3所示。

图 4-3 使用斜角镜头拍摄的视频示例

（3）仰角：即采用低机位仰视的拍摄角度，能够让拍摄对象显得更加高大，同时可以让视频画面更具有代入感，如图4-4所示。

图4-4　使用仰角镜头拍摄的视频示例

（4）俯角：即采用高机位俯视的拍摄角度，可以让拍摄对象看上去更加弱小，适合拍摄建筑、街景、人物、风光、美食或花卉等短视频题材，能够充分展示主体的全貌。如图4-5所示，为用俯角镜头拍摄的人物短视频。

图4-5　使用俯角镜头拍摄的视频示例

4.1.3 大远景镜头：重点展现环境

镜头景别是指镜头与拍摄对象的距离，比如大远景镜头，这种镜头景别的视角非常大，适合拍摄城市、山区、河流、沙漠或者大海等户外类短视频题材。这类镜头景别尤其适合用于片头部分，使用大广角镜头拍摄，能够将主体所处的环境完全展现出来，如图 4-6 所示。

图 4-6   使用大远景镜头拍摄的视频示例

4.1.4 全远景镜头：兼顾环境主体

全远景镜头通常用于拍摄高度和宽度都比较充足的室内或户外场景，可以更加清晰地展现主体的外貌形象和部分细节，以及更好地表现视频拍摄的时间和地点，如图 4-7 所示。

 专家提醒

大远景镜头和全远景镜头的区别除了拍摄的距离不同外，大远景镜头对于主体的表达也是不够的，主要用于交代环境；而全远景镜头则在交代环境的同时，也兼顾了主体的展现。例如，在图 4-6 的视频画面中并没有出现主体建筑，而图 4-7 中则重点将前方的桥作为主体。

图 4-7 使用全远景镜头拍摄的视频示例

4.1.5 远景镜头：展现主体全貌

远景镜头的主要功能就是展现人物或其他主体的"全身面貌"，通常使用广角镜头拍摄，视频画面的视角非常广。

远景镜头相对全远景镜头而言拍摄的距离比较近，能够将人物的整个身体完全拍摄出来，包括性别、服装、表情、手部和脚部的肢体动作，还可以用来表现多个人物的关系，如图 4-8 所示。

图 4-8 使用远景镜头拍摄的视频示例

4.1.6 中远景镜头：从腿部至头顶

很多电影画面会用到中远景镜头景别，就是镜头在向前推动的过程中逐渐放大主体（如人物）时，首先裁剪掉主体一部分的景别，适用于室内或户外的拍摄场景。

中远景镜头景别可以更好地突出人物主体的形象，以及清晰地刻画人物的服饰造型等细节特点。如图 4-9 所示，为中远景镜头拍摄的画面效果。

图 4-9　使用中远景镜头拍摄的视频示例

4.1.7　中景镜头：从膝盖至头顶

中景镜头景别为从人物的膝盖部分向上至头顶，这样可以充分展现人物的面部表情、发型发色和视线方向，同时还可以兼顾人物的手部动作，如图 4-10 所示。

图 4-10　使用中景镜头拍摄的视频示例

4.1.8　中近景镜头：从胸部至头顶

中近景镜头景别主要是将镜头下方的取景边界线卡在人物的胸部位置

上，重点用来刻画人物的面部特征，如表情、妆容、发型、视线和嘴部动作等，而对于人物的肢体动作和所处环境的交代则基本可以忽略，如图 4-11 所示。

图 4-11　使用中近景镜头拍摄的视频示例

4.1.9　特写镜头：着重刻画头部

特写镜头景别主要着重刻画人物的整个头部画面，包括下巴、眼睛、头发、嘴巴和鼻子等细节之处，如图 4-12 所示。特写镜头景别可以更好地展现人物面部的情绪，包括表情和神态等细微动作，如低头微笑、仰天痛哭、眉头微皱以及惊愕诧异等，从而渲染出短视频的情感氛围。

图 4-12　使用特写镜头拍摄的视频示例

4.1.10　大特写镜头：着重描述特征

　　大特写镜头景别主要针对人物的脸部或者其他细节来进行取景拍摄，能够清晰地展现细节特征和变化，如图 4-13 所示。很多热门 vlog（即微录，是博客的一种类型，全称是 video blog 或 video log）短视频都是以剧情创作为主，而大特写镜头就是一种推动剧情更好发展的镜头语言。

图 4-13 使用大特写镜头拍摄的视频示例

4.1.11 极特写镜头：刻画局部细节

极特写镜头是一种纯细节的景别形式，也就是说，我们在拍摄时将镜头只对准拍摄物体或者人物的某个局部，进行细节的刻画和描述，如图4-14所示。

图 4-14 使用极特写镜头拍摄的视频示例

4.2 运镜手法：9 个技巧拍出大片既视感

在拍摄短视频时，用户需要在镜头的运动方式方面下功夫，掌握一些"短视频大神"常用的运镜手法，能够帮助用户更好地突出视频中的主体和主题，让观众的视线集中在你要表达的对象上，同时让短视频作品更加生动，更有画面感。

4.2.1 推拉运镜：把握好整体和局部的关系

推拉运镜是短视频中最为常见的运镜方式，通俗来说就是一种"放大画面"或"缩小画面"的表现形式，可以用来强调拍摄场景的整体或局部以及彼此的关系。

"推"镜头是指从较大的景别将镜头推向较小的景别，例如从远景推至近景，从而突出用户要表达的细节，将这个细节之处从镜头中凸显出来，让观众注意到，如图 4-15 所示。

图 4-15　"推"镜头的操作示例

"拉"镜头的运镜方向与"推"镜头正好相反，先用特写或近景等景别，将镜头靠近主体拍摄，然后再向远处逐渐拉出，拍摄远景画面，如图 4-16 所示。

图 4-16 "拉"镜头的操作示例

"拉"镜头的适用场景和主要作用如下。

（1）适用场景：剧情类视频的结尾或者强调主体所在的环境。

（2）主要作用：可以更好地渲染短视频的画面气氛。

4.2.2 横移运镜：水平移动机位展现横向空间

横移运镜与推拉运镜相似，是指拍摄时镜头按照一定的水平方向移动，跟推拉运镜向前后运动的不同之处在于，横移运镜是将镜头向左右运动，如图4-17所示。横移运镜通常用于剧中的情节，如人物在沿直线方向走动时，镜头也跟着人物横向移动，不仅能更好地展现出人物的空间关系，而且能够扩大画面的空间感。

 专家提醒

在使用横移运镜拍摄短视频时，镜头会随着拍摄对象的水平移动而移动，用户手持拍摄的话，可能无法保证视频画面的稳定性。这种情况用户可以借助摄影滑轨等设备，以保持手机镜头在移动拍摄过程中的稳定性，从而拍摄出稳定的视频画面出来。

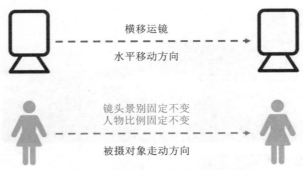

图 4-17　横移运镜的操作方法

　　如图 4-18 所示，这是一个拍摄水面倒影的案例，将手机镜头对准需要拍摄的风景，拍摄对岸的建筑物和水中的倒影。

图 4-18　拍摄对岸的建筑物和水中的倒影

　　然后通过拍摄者的移动带动镜头向前移动，形成横移运镜的效果，在镜头对着建筑和水面风光拍摄的同时，机位也会跟随拍摄者的运动方向一起横向运动，这能够让画面看上去更加流畅，如图 4-19 所示。

图 4-19 通过横移运镜产生跟随拍摄的视觉效果

4.2.3 摇移运镜：使观众产生身临其境的感觉

摇移运镜是指保持机位不变，然后朝着不同的方向转动镜头，镜头运动方向可分为左右摇动、上下摇动、斜方向摇动以及旋转摇动，如图 4-20 所示。

图 4-20　摇移运镜的操作示例

　　摇移运镜就像是一个人站着不动，然后转动头部或身体，用眼睛向四周观看身边的环境。用户在使用摇移运镜手法拍摄视频时，可以借助手持云台稳定器，进而更加方便、稳定地调整镜头方向。

　　摇移运镜通过灵活变动拍摄角度，能够充分地展示主体所处的环境特征，可以让观众在观看短视频时产生身临其境的视觉体验感。

4.2.4　甩动运镜：展现突然性的镜头切换效果

　　甩动运镜与摇移运镜的操作方法比较类似，只是速度比较快，是用的"甩"这个动作，而不是慢慢地摇镜头。甩动运镜通常运用于两个镜头切换时的画面，在第一个镜头即将结束时，通过向另一个方向甩动镜头，让镜头切换时的过渡画面产生强烈的模糊感，然后马上换到另一个场景继续拍摄。

　　如图 4-21 所示，在拍摄这个美食短视频时，采用了大量的甩动运镜方式来切换画面，这可以让视频更有动感。在视频中可以非常明显地看到，镜头在快速甩动的过程中，画面也变得非常模糊。

图 4-21　甩动运镜的过程中画面会变得模糊

4.2.5　跟随运镜：产生强烈的空间穿越画面感

跟随运镜与前面介绍的横移运镜比较类似，只是在方向上更为灵活多变，拍摄时可以始终跟随人物前进，让主角一直处于镜头中，从而产生强烈的空间穿越感，如图 4-22 所示。跟随运镜适用于拍摄采访类、纪录片以及宠物类等短视频题材，能够很好地强调内容主题。

图 4-22　跟随运镜的操作示例

4.2.6　升降运镜：逐渐扩展短视频的画面视域

升降运镜是指镜头的机位朝上下方向运动，从不同方向的视点来拍摄要表达的场景。升降运镜适合拍摄气势宏伟的建筑物、高大的树木、雄伟壮观的高山以及展示人物的局部细节。如图 4-23 所示，为垂直向下移动镜头的下降运镜拍摄示例，从人物头部一直拍到脚部。

使用升降运镜拍摄短视频时，需要注意以下事项。

- 拍摄时可以切换不同的角度和方位来移动镜头，如垂直上下移动、上下弧线移动、上下斜向移动以及不规则的升降方向。
- 在画面中可以纳入一些前景元素，从而体现出空间的纵深感，让观众感觉主体对象更加高大。

图 4-23　下降运镜拍摄示例

4.2.7　环绕运镜：更好地描述空间和介绍环境

环绕运镜即镜头绕着对象 360°环绕拍摄，操作难度比较大，在拍摄时旋转的半径和速度要基本保持一致，如图 4-24 所示。

图 4-24　环绕运镜的操作示例

4.2.8　低角度运镜：拍出强烈的空间感效果

低角度运镜有点类似于用蚂蚁的视角来观察事物，即将镜头贴近地面拍摄，这种低角度的视角可以带来强烈的纵深感和空间感。如图 4-25 所示，就是低角度运镜的拍摄现场，拍摄者将手机贴紧草地拍摄。

图 4-25

图 4-25 低角度运镜的操作示例

4.2.9 呈现式运镜：从场景自然过渡到主体上

呈现式运镜手法可以在交代背景环境的同时，让画面的视线焦点非常自然地转移到主体上来，从而突出两者的关系，用背景更好地展现主体。

呈现式运镜与摇移运镜比较类似，只是在操作上要更加复杂一些，在摇动镜头的同时还会向其他方向运动。拍摄时用户可以上下或左右转动云台角度，逐渐转移画面的焦点，让镜头从背景切换到主体上，如图 4-26 所示。

图 4-26 呈现式运镜的操作示例

第 5 章

拍摄场景：如何拍出有风格的短视频

本章要点

　　不同的拍摄场景，对拍摄也有着一定的影响。在一些常见的场景和题材中，我们如何拍摄出独具特色的短视频呢？怎么才能让自己的短视频脱颖而出呢？本章将从常见题材和热门场景两个方面带大家了解如何用手机拍出有风格的短视频。

5.1 常见题材：轻松从"小白"变"达人"

随着时代的发展，短视频已经走进了我们的生活中，生活中的方方面面都可以成为短视频的题材，本节将从人像视频、旅行视频、美食视频、建筑视频等常见的题材为大家一一讲解。

5.1.1 人像视频：轻松拍出唯美人像大片

拍摄人像视频想必大家都不陌生，但怎么才能拍出唯美的人像视频呢？怎么对人物进行布光？怎么拍才能让人物更显瘦？本小节将从布光和人物显瘦两个方面为大家讲解。

1．视频拍摄中的人物应该如何布光

我们如今所说的光线，大多可以分为自然光与人造光。如果没有合适的光线，那么拍摄出来的效果就会是昏暗的，所以光线对于视频拍摄来说至关重要，也决定着视频的清晰度。对于人像类短视频来说，合理的布光可以增强画面的层次感，同时还可以更好地强调故事性。

拍摄人像类短视频时，我们可以借助不同的光线类型和角度来描述人物的形象特点，当然前提条件是你必须足够了解光线，同时善于使用光线进行短视频的创作。总的来说，光线的布局角度包括以下 8 种类型，如图 5-1 所示。

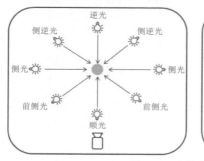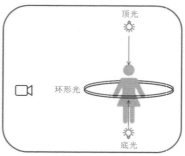

图 5-1　光线的布局角度

人像短视频的影调主要包括高调、低调和中间调。

（1）高调人像光影：布光主要以顺光、顶光和环形光为主，画面中以亮

调为主导，暗调占据的面积非常小，或者几乎没有暗调，色彩主要为白色、亮度高的浅色以及中等亮度的颜色，如图5-2所示。

图5-2　高调人像光影（顺光）

（2）低调人像光影：布光主要以逆光或侧逆光为主，色彩主要为黑色、低亮度的深色以及中等亮度的颜色，呈现出深沉、黑暗的画面风格。

（3）中间调人像光影：布光主要以顺光和前侧光为主，画面的明暗层次和感情色彩等都非常丰富，细节把握很好，不过其基调并不明显，可以用来展现独特的影调魅力，如图5-3所示。

图5-3　中间调人像光影（前侧光）

在拍摄人像类短视频时，我们还需要通过布光来塑造光型，即用不同方向的光源形成一定的人物造型效果。

（1）正光型：布光主要以顺光为主，就是指照射在人物正面的光线，主要特点是受光非常均匀，画面比较通透，不会产生非常明显的阴影，而且色彩也非常亮丽。顺光可以让人物的整个脸部都非常明亮，只有一个小小的鼻影，同时人物的线条也更显流畅，五官更立体逼真，如图5-4所示。

图5-4　正光型

（2）侧光型：布光主要以侧光、前侧光和大角度的侧逆光（即画面中看不到光源）为主，光源位于人物的左侧或右侧，受光源照射的一面非常明亮，而另一面则比较阴暗，画面的明暗层次感非常分明，可以体现出一定的立体感和空间感，如图5-5所示。

图5-5　侧光型

（3）逆光型：拍摄方向与光源照射方向刚好相反，也就是将镜头对着光拍照，可以产生明显的剪影效果，从而展现出人物的轮廓，表现力非常强，如图5-6所示。在逆光状态下，如果光源向左右稍微偏移，就会形成小角度的侧逆光（即画面中能够看到光源），同样可以体现人物的轮廓。

图 5-6　逆光型

（4）显宽光：采用"侧光＋反光板"的布光方式，同时让人物脸部的受光面向镜头转过来，这样脸部会显得比较宽阔，通常用于拍摄高调或中间调人像，适合瘦弱的人物使用。

（5）显瘦光：采用"前侧光＋反光板"的布光方式，同时让人物脸部的背光面向镜头转过来，这样在人脸部分的阴影面积会更大，从而显得人物脸部更小，如图 5-7 所示。

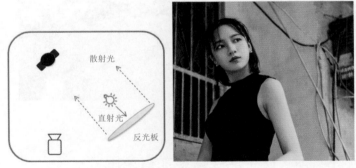

图 5-7　显瘦光

2．拍视频怎么让人物显得更瘦

不管是男性还是女性，都希望自己在视频中的颜值更高一些。尤其对于女性来说，如何拍视频让自己的身材和脸蛋显得更瘦一些，我们可以从服装、视角和姿势等方面下功夫，拍出"看起来比实际上瘦"的视频效果。

下面介绍具体的拍摄方法。

（1）服装。通常情况下，在暗色的背景下，人物穿浅色的衣服会显得更胖。因此，在选择服装时，可以尽量挑选深色的衣服。

（2）视角。人脸的角度一般包括正面、45°、侧面和背面，公认的最佳角度是 45°俯视，不但可以显得脸瘦，而且眼睛看起来也会比实际上要更大一些。

专家提醒

如果用户是用手机相机拍摄短视频的话，也可以利用手机美颜功能配合人脸角度进行拍摄，手机美颜功能具有瘦脸、磨皮等效果，这样看上去人物脸部就会显得更瘦了，肤质也会显得更加光滑。

（3）姿势。人物可以利用不同的手势动作来遮掩面部较胖的地方，如微微地低头、用单手抚摸脸颊或者用双手托住下巴等，如图 5-8 所示。

图 5-8　单手摸脸颊的人物短视频画面

5.1.2　旅行视频：让生活变得更加有意思

如今，爱好旅行和摄影的用户已经不再满足于拍摄"到此一游"的短视频了，而是热衷于记录旅途中的人文景象，使旅行短视频变得更具有意义。因此，学会拍摄旅途的风土人情也是短视频学习必须掌握的技巧。

旅行中遇见的人和事物都是短视频的重要题材，不管是什么场景和事物，只要用心观察，任何东西都是具有故事性的，拍摄人文风情就是要从平凡中去发现不平凡的美。

首先，我们必须了解目的地的相关信息，这样有助于拍摄出有情感深度的短视频。例如，在拍摄短视频时，用户可以事先通过网络找到最佳的拍摄地点，从而去拍摄最佳的短视频。其次，在外旅游时，一些充满当地特色的美食特产、人物、车辆、动物、服饰和生活方式等，都是值得我们用短视频记录的，如图 5-9 所示。

图 5-9 人文元素拍摄示例

因此，我们要做的就是善于寻找有当地特色的拍摄主题和场景，如穿着民族服饰的人物、充满异域风情的地标建筑和风俗活动等，这样能够让短视频作品看起来更有代表性和特色。

1. 选择合适的时机，把握"黄金时刻"

拍摄旅行短视频，自然光线是必备元素，因此我们需要花一些时间去等待拍摄时机，抓住"黄金时刻"拍摄。同时，我们还需要具备极强的应变能力，快速做出判断。当然，具体的拍摄时间要"因地而异"，没有绝对的说法，在任何时间点都能拍出漂亮的短视频，关键就在于你对风光的理解和时机的把握了。

很多时候，画面光线的"黄金时刻"就那么一两秒钟，我们需要在短时间内迅速构图并调整机位进行拍摄。因此，在拍摄风光短视频前，如果你的时间比较充足，可以事先踩点确认好拍摄机位，这样在"黄金时刻"到来时，不至于匆匆忙忙地再去做准备。

通常情况下，日出和日落的前后一小时是拍摄绝大多数风光短视频的"黄金时刻"，此时的太阳位置较低，光线非常柔和，能够表现出丰富的画面色彩，而且画面中会形成阴影，更有层次感，如图 5-10 所示。

图 5-10   日落时的"黄金时刻"拍摄效果

当然，并不是说这个"黄金时刻"就适合所有的场景。如图 5-11 所示，这个短视频并非拍摄于日出日落的"黄金时刻"，而是在中午时分拍的，能够更好地展现青山绿水和蓝天白云的画面，因此中午就是这个场景的最佳拍摄时机。

图 5-11   中午时分拍的视频画面

 专家提醒

拍摄短视频同时也是光线的艺术表现，好的光线对于主题的表现和气氛的烘托至关重要，因此我们要善于在拍摄时等待和捕捉光线，让画面中的光线更有意境。

如图 5-12 所示，为在太阳刚刚升起时拍摄的短视频，自然柔和的光线让画面呈现出一种经典的蓝紫色调效果，表达出宁静和遥远的画面感。

图 5-12　早晨拍摄的视频画面

2．"前景＋背景"让画面更有层次感

拍摄风光短视频时，大家一定要多走多观察，找到最佳的拍摄角度，并给画面增加前景和背景，同时让主体的位置错落分布，这样画面看起来会更有层次感。

例如，用枝叶作为前景，置于画面的上方、左上角或者右上角，以填充天空背景中的留白区域，这样画面元素会更加丰富，视觉效果也不至于太单调、空旷，如图 5-13 所示。

图 5-13

图 5-13　用枝叶作为前景

　　另外，如果选择在画面下方安排前景元素，则可以借助道路、建筑、花海、草丛、水面、石头以及山脉等作为前景，不仅可以增强风光视频的画面层次感，同时还能够引导观众的视线，起到形成前后对比和突出主体的作用。

　　如图 5-14 所示，在拍摄时将树枝作为前景，将渔船作为主题，可以让画面的空间感更强烈，同时还能起到留白的作用。

图 5-14　树枝前景＋渔船主体的拍摄效果

5.1.3　美食视频：展现食物不一样的美感

人的视线在看事物的时候，注意得比较多的就是事物的色彩，色彩艳丽或色彩丰富的事物总是格外引人注目一些。在拍摄美食视频时也是一样的道理，有光泽感的美食总是更加吸引人一些，因此我们需要使用合理的布光和布景来凸显食材的质感和色彩。

食物的种类非常丰富，例如蔬果类、肉类、面食类以及烘焙类等。不同类型的食物有着不同的质感和风格，因此需要采用不同的光线和布景，以拍出属于美食本身的意境。

（1）蔬果类：光线以柔和明亮的自然光为主，布景可以选择选购食材的场景或者干净的纯色背景，这样更能拍出色泽鲜艳的画面效果，如图5-15所示。

图 5-15　蔬果类拍摄示例

（2）肉类：光线以暖光为主，布景可以添加一些佐料作为背景，更能展现出肉类食品油亮的光泽和鲜美的肉质，如图5-16所示。

图 5-16　肉类拍摄示例

（3）面食类：光线以柔和的暖白色为主，布景可以增加一些蔬菜作为点缀，让食物显得更加温暖，如图5-17所示。

图 5-17　面食类拍摄示例

　　（4）烘焙类：使用较为柔和的光线，同时用虚化的背景来展现细节，让甜食能够十分自然地散发出迷人的光彩。

5.1.4　建筑视频：寻找独特的角度拍摄建筑物

　　建筑与其他短视频题材的区别在于，它拥有更多的拍摄角度，例如正面、背面、侧面以及斜侧面等，而且各种角度下拍摄的建筑短视频也会展现不同的画面效果。角度是指拍摄机位相对于主体的方位，不同的拍摄机位会让建筑主体产生不同的透视变形效果，同时也会影响建筑与周围环境的相对位置。

　　我们在拍摄建筑短视频前要多观察，可以围绕建筑走一圈，看看哪个角度最好取景，同时又最能彰显建筑物独特的形式美感。下面介绍两个拍摄建筑短视频时常用的取景角度。

　　（1）正面角度：即站在建筑物的正前方拍摄其正面，稳定感非常强，如图 5-18 所示。

图 5-18　正面角度拍摄效果

　　（2）斜侧面角度：即站在建筑物的侧前方拍摄，透视效果非常强。

5.2 热门场景：让你秒变视频达人

虽然现在使用手机摄影的人占据了很大的比例，但是很多人还只是停留在随手拍的阶段，因此拍摄的短视频作品也不够美观。本节将介绍一些不同场合下手机拍摄短视频的秘诀，帮助大家快速提升手机摄影水平，拍出令人赞叹、风格迥异的短视频大片。

5.2.1 在小区里怎么拍摄唯美短片

在普通的小区里面，用户可以尝试以下几种方法拍摄出唯美的短片效果。

（1）"偷窥"视角跟拍。模特旁若无人地向前走动，拍摄者用手机在侧面跟拍，如图 5-19 所示。

图 5-19 "偷窥"视角跟拍

（2）手机放低拍脚走路。将手机镜头尽可能放低，对准模特的脚步拍摄走路时的场景。

（3）拍表情的特写。模特可以利用小区的一些花草树木作为道具，可以用一只手拿着小树枝，然后目不转睛地盯着它，也可以稍微闭上双眼，故作沉思状态，重点拍摄模特的表情，如图 5-20 所示。

（4）背后跟拍绕圈。模特缓慢向前跑动，拍摄者在其背后紧随跟拍，模特跑出一小段距离后，转身回过头来看着镜头，并边跑边转一个圈。

图 5-20　拍表情的特写

（5）逐步退后拍摄。模特可以手持一捧花簇，拍摄者用自拍杆固定手机，站在正前方对准模特拍摄，然后缓慢后移，如图 5-21 所示。

图 5-21　逐步退后拍摄

5.2.2　真人出镜会带来很强的代入感

在抖音拍摄短视频时，尽量做到真人出境，不仅可以更加吸引观众眼球，而且还可以显得你的账号更加真实，获得平台给予的更多流量推荐。很多人非常胆怯，认为自己长得丑，声音不好听，又想拍视频，但又不敢露面，内心非常矛盾。记住，拍抖音并不是选美，只要你的内容足够优质，都可以获得点赞和涨粉。

另外，真人出境非常有利于打造个人IP（Intellectual Property，直译为"知识产权"），让大家都可以认识你，记住你，慢慢积累粉丝对你的信任，也有利于后期的变现。如今这个社会，无论做什么事情，都是要先获得别人的认可，才有之后的一切可能。

当然，上面笔者是从抖音短视频的运营角度来分析的，那么从拍摄角度来说，真人出镜的短视频，会带来很强的代入感，从而更加地吸引人。在拍真人出镜视频时，如果单靠自己的手端举手机进行视频拍摄，很难达到更好的视觉效果，拍摄出来的自己在视频当中大都"不完整"，不说全身入境，就连上半身入境都很困难，这个时候，更好的视频拍摄方法就是利用自拍杆工具。

将手机连接到自拍杆后，用户只需要在手机上打开自拍录像模式，自拍杆的手柄上有一个相机图标按钮，拍摄视频时只需按下这个按钮，就可以进行视频的拍摄了。

使用自拍杆拍摄时，需要注意的是自拍杆虽然能增加人的入镜面积，但是自拍杆长度始终有限，不能拍摄出人的全身。另外，自拍杆需要人用手拿住，如果视频拍摄时间过长，就会产生手酸手软的情况，而且，自拍杆并不能完全解放人的双手，自拍杆的遥控操作依然需要人为按动按键。

5.2.3 手机如何拍日出日落的效果

日出日落，云卷云舒，这些都是非常浪漫、感人的画面，也是手机拍视频的黄金时段。拍摄这些短视频，我们不需要去远方，也不需要多么好的设备，一部手机加上一些正确的方法，即可拍摄出具有独特美感的画面效果，如图5-22所示。

图5-22 日落视频效果

1．拍摄时间

　　日出来得都比较突然，因此用户需要找到一个合适的地点等待，抓住拍摄时间，将朝阳最精彩的瞬间记录下来。日出的时候，在地面或者山峦附近通常都会有不少雾气，并呈现出朦胧的蓝色调，这是日出和日落的不同之处。

　　日落的拍摄比日出要简单一些，因为我们可以目睹其下落的全部过程，对位置和亮点都可以预测。通常，在太阳快接近地平线时，空中的云彩在夕阳的折射和反射下可以表现出精彩的变化。大气层中的云是自然的反光物体，在日出和日落时这些云可以传播太阳的红光，从而产生各种精彩的变化，是很棒的手机短视频题材。

　　当太阳落到地平线下方时，在此后的一小段时间内，天空仍然会存在精美的色彩，此时也是手机拍摄视频的最佳时机。如图 5-23 所示，为笔者在三汊矶大桥附近拍摄的一段日落画面。

图 5-23　日落风光效果

2．拍摄地点

对于内陆地区来说，为了能够拍摄出较低位置的日出，摄影者可以选择山顶、建筑物顶层等制高点，这样拍摄出来的画面色彩更加饱和，表现力也会更强。如图 5-24 所示，为笔者在江西武功山的山顶拍摄的晚霞视频，将随风摇曳的芦苇作为前景，记录了远处的太阳缓缓落山的整个过程。整个视频采用逆光的形式拍摄，让前景中的景物呈现出剪影的效果，可以更好地突出晚霞风光。

图 5-24　在山顶拍摄晚霞

另外，对于靠近大海或者湖边的用户来说，水面也是不错的拍摄日出日落的地点。此时，用户可以运用水平线构图的方法，拍摄出更加宽广的水面，而且画面的纯粹感与集中度也会得到提高。

如图 5-25 所示，日落时分，夕阳在水面上留下了一条长长的金色倒影，水天相接形成了"残阳如血"的视频画面效果，配上动人的背景音乐，感染力非常强。

图 5-25　在水边拍摄日落

5.2.4　手机如何拍风起云涌的效果

用视频可以很好地记录风起云涌的过程，用户可以使用延时模式来拍摄，画面更加动感，如图 5-26 所示。

图 5-26 在水边拍摄的延时视频

在这个视频中，湖边的小草随风摇曳，湖水在微风吹拂下激起淡淡的涟漪，柳条也在微风中起舞，天空中的云朵也跟随着时间的推移而移动，此刻的微风正好，景色美不胜收。

如图 5-27 所示，这是笔者在深圳湾公路大桥下，用手机延时模式拍摄的风起云散的短视频画面。延时视频很完整地记录了岸边的人来人往、大桥上的车流穿梭，以及天空中的云聚云散等画面，不禁使人感慨万分。

图 5-27 短视频记录风起云散的过程

5.2.5　手机如何拍车流人流的效果

　　拍车流人流的视频场景时，用户需要选择一个较高的拍摄位置，例如天桥、高楼上，或者直接在车上拍摄街道上的风光。将手机相机设置为延时摄影模式，固定手机拍摄 3 分钟左右，即可得到川流不息的车流人流成片效果。

　　如图 5-28 所示，为笔者坐在车内拍摄的一个大桥上的车流视频画面。这个是使用 VUE App 拍摄的，打开 App 后，左右滑动切换相应的滤镜，将镜头速度设置为"快动作"，将视频设置为"一段 6 秒"，拍摄完成后，选择背景音乐和贴纸并导出视频即可。注意，拍摄时尽量坐在前排靠窗的位置，更利于手机取景。

图 5-28　拍摄大桥上的车流

剪辑篇

第 6 章

视频剪辑：一部小手机即可轻松搞定

本章要点

　　剪映 App 是最受大众欢迎的手机剪辑软件之一，因其操作简单，通俗易懂，让不少用户对它爱不释手。剪映 App 不仅可以对手机拍摄的视频进行剪辑处理，还可以对其他设备拍摄的视频进行剪辑处理。本章将从剪映的基本操作和编辑处理两个方面介绍，教你一部手机轻松搞定视频剪辑。

6.1 认识剪映的工作界面

剪映 App 是一款功能非常全面的手机剪辑软件，能够让用户在手机上轻松完成短视频剪辑。本节将介绍其界面特点和主要功能，帮助读者快速入门。

6.1.1 了解剪映的界面特点

步骤 1 打开剪映 App，进入主界面，点击"开始创作"按钮，如图 6-1 所示。

步骤 2 进入"照片视频"界面，❶选择相应的素材；❷选中"高清"单选按钮；❸点击"添加"按钮，如图6-2 所示。

步骤 3 进入编辑界面，可以看到该界面由预览区域、时间线区域和工具栏区域 3 个部分组成，如图 6-3 所示。

图6-1 点击"开始创作"按钮　图 6-2 点击"添加"按钮

图 6-3 编辑界面的组成

　　预览区域左下角的时间，表示当前视频时间点和视频的总时长。点击预览区域的全屏按钮，可全屏预览视频效果，如图 6-4 所示。点击 ▶ 按钮，即可播放视频，如图 6-5 所示。用户在进行视频编辑操作后，可以点击预览区域右下角的撤回按钮，即可撤销上一步的操作。

教学视频

图 6-4　全屏预览视频效果　　图 6-5　播放视频

6.1.2　了解剪映的基本工具

　　剪映 App 的所有剪辑工具都在底部，非常方便快捷。在工具栏区域中，不进行任何操作时，我们可以看到一级工具栏，其中有剪辑、音频以及文字等功能，如图 6-6 所示。

一级工具栏

图 6-6　一级工具栏

例如，点击"剪辑"按钮，可以进入剪辑二级工具栏，如图 6-7 所示；点击"音频"按钮，可以进入音频二级工具栏，如图 6-8 所示。

教学视频

图 6-7　剪辑二级工具栏　　图 6-8　音频二级工具栏

 专家提醒

在时间线区域的视频轨道上，点击右侧的 ⊞ 按钮，进入"照片视频"界面，在其中选择相应的视频或照片素材。点击"添加"按钮，即可在时间线区域的视频轨道上添加一个新的视频素材。

另外，用户还可以点击"开始创作"按钮，然后切换至"素材库"界面，可以看到剪映素材库中丰富的内置素材，向上滑动屏幕，可以看到有黑白场、故障动画、片头以及时间片段等素材。

 ## 6.2 掌握基本的剪辑操作

本节主要介绍剪映 App 的一些基本剪辑操作，例如缩放轨道、逐帧剪辑、视频剪辑、替换素材、视频变速，帮助大家打好视频剪辑的基础。

6.2.1　缩放轨道进行精细剪辑

在时间线区域中，有一根白色的垂直线条，叫时间轴，上面为时间刻度，我们可以在时间线上任意滑动视频，查看导入的视频或效果。在时间线上可以看到视频轨道和音频轨道，用户还可以增加字幕轨道，如图 6-9 所示。

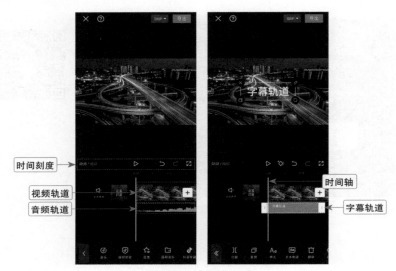

图 6-9　时间线区域

用双指按住时间线区域张合手指，可以缩放时间线的大小，如图6-10所示。

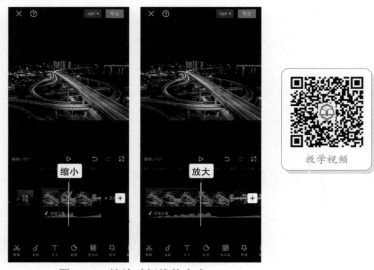

教学视频

图 6-10　缩放时间线的大小

6.2.2　逐帧剪辑截取所需素材

剪映 App 除了能对视频进行粗剪外，还能精细到对视频每一帧的剪辑。在剪映 App 中导入 3 段素材，如图6-11 所示。

如果导入的素材位置不对，用户可以选中并长按需要更换位置的素材，所有素材便会变成小方块，如图 6-12 所示。

图 6-11　导入素材

图 6-12　长按素材

变成小方块后，即可将视频素材移动到合适的位置，如图 6-13 所示。移动到合适的位置后，松开手指即可成功调整素材位置，如图6-14 所示。

图 6-13　移动素材位置

图 6-14　成功调整素材位置

　　用户如果想要对视频进行更加精细的剪辑，只需放大时间线，如图 6-15 所示。在时间刻度上，用户可以看到显示最高剪辑精度为 5 帧画面，如图 6-16 所示。

图 6-15　放大时间线　　　　　　　　图 6-16　显示最高剪辑精度

　　虽然时间刻度上显示最高的精度是 5 帧画面，但用户不仅可以对大于 5 帧的画面进行分割，也可以在大于 2 帧且小于 5 帧的位置进行分割，如图 6-17 所示。

教学视频

图 6-17　大于 5 帧的分割（左）和大于 2 帧且小于 5 帧的分割（右）

6.2.3　分割、复制、删除和编辑素材

使用剪映 App 可以对短视频进行分割、复制、删除和编辑等剪辑处理。下面介绍具体操作方法。

步骤 1 打开剪映 App，进入主界面，点击"开始创作"按钮，如图 6-18 所示。

步骤 2 进入"照片视频"界面，❶选择合适的视频素材；❷选中"高清"单选按钮；❸点击"添加"按钮，如图 6-19 所示。

图 6-18　点击"开始创作"按钮

图 6-19　点击"添加"按钮

步骤 3 执行操作后，即可导入该视频素材，点击左下角的"剪辑"按钮，如图 6-20 所示。

步骤 4 进入剪辑二级工具栏，❶拖曳时间轴至相应位置；❷点击"分割"按钮，如图 6-21 所示，即可分割视频。

图 6-20　点击"剪辑"按钮

图 6-21　点击"分割"按钮

步骤 5 ❶选择视频的片尾；❷点击"删除"按钮，如图 6-22 所示，即可删除剪映默认添加的片尾。

步骤 6 选择第 2 段素材，点击"编辑"按钮，进入编辑工具栏，在这里可以对视频进行旋转、镜像以及裁剪等编辑处理，如图 6-23 所示。

图 6-22　点击"删除"按钮　　图 6-23　视频编辑功能

步骤 7 在剪辑二级工具栏中点击"复制"按钮，可以快速复制选择的视频片段，如图 6-24 所示。

图 6-24　复制选择的视频片段

教学视频

6.2.4　替换素材——《Vlog片头》

【效果展示】使用"替换"素材功能，能够快速替换掉视频轨道中不合适的视频素材，效果如图 6-25 所示。

图 6-25 效果展示

下面介绍使用剪映 App 替换视频素材的具体操作方法。

步骤 1 在剪映 App 中导入相应的素材，拖曳时间轴到相应位置，如图 6-26 所示。

步骤 2 ❶选择视频素材；❷点击"分割"按钮，如图 6-27 所示。

图 6-26 拖曳时间轴　　图 6-27 点击"分割"按钮

步骤 3 ❶选择第 1 段视频素材，调整素材时长为 2.9s；❷点击"替换"按钮，如图 6-28 所示。

步骤 4 进入"照片视频"界面，点击"素材库"按钮，如图 6-29 所示。

步骤 5 进入"素材库"界面，❶在"片头"选项卡中选择相应的素材，即可预览素材；❷点击"确认"按钮，如图 6-30 所示，即可替换所选的素材。

图 6-28　点击"替换"按钮　图 6-29　点击"素材库"按钮　图 6-30　点击"确认"按钮

6.2.5　视频变速——《精彩蒙太奇》

【效果展示】"变速"功能能够改变视频的播放速度，让画面更有动感，同时还可以模拟出"蒙太奇"的镜头效果，如图 6-31 所示。

教学视频

案例效果

图 6-31　效果展示

下面介绍使用剪映 App 制作曲线变速短视频的操作方法。

步骤 1 在剪映 App 中导入一段视频素材，点击"剪辑"按钮，如图 6-32 所示。

步骤 2 进入剪辑二级工具栏，点击"变速"按钮，如图 6-33 所示。

图 6-32　点击"剪辑"按钮　　　　　图 6-33　点击"变速"按钮

步骤 3 在变速工具栏中，点击"常规变速"按钮，如图 6-34 所示。

步骤 4 进入"变速"界面，如图 6-35 所示，拖曳红色的圆环滑块，即可调整整段视频的播放速度。

 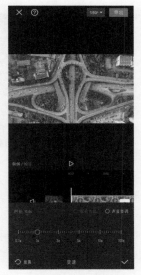

图 6-34　点击"常规变速"按钮　　　　图 6-35　进入"变速"界面

步骤 5 点击 ✓ 按钮返回到上一界面,点击"曲线变速"按钮,如图6-36所示。

步骤 6 进入"曲线变速"编辑界面,选择"蒙太奇"选项,如图6-37所示。

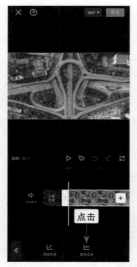
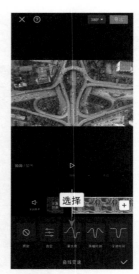

图6-36 点击"曲线变速"按钮　图6-37 选择"蒙太奇"选项

步骤 7 点击"点击编辑"按钮,进入"蒙太奇"编辑界面,如图6-38所示,拖曳相应的变速点,即可调整变速点的"速度"参数。

步骤 8 返回到主界面,❶拖曳时间轴到起始位置;❷依次点击"音频"按钮和"音乐"按钮,如图6-39所示。

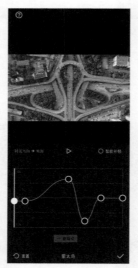

图6-38 进入"蒙太奇"编辑界面　图6-39 点击"音乐"按钮

 专家提醒

　　在"蒙太奇"编辑界面中,将时间轴拖曳到需要进行变速处理的位置处,点击 +添加点 按钮,即可添加一个新的变速点。将时间轴拖曳到需要删除的变速点上,点击 -删除点 按钮,即可删除所选的变速点。用户可以根据背景音乐的节奏,适当添加、删除并调整变速点的位置。

步骤 9 进入"添加音乐"界面，点击"萌宠"按钮，如图 6-40 所示。

步骤 10 进入"萌宠"界面，点击相应音乐右侧的"使用"按钮，如图 6-41 所示，即可将音乐添加到音频轨道中。

图 6-40 点击"萌宠"按钮

图 6-41 点击"使用"按钮

步骤 11 ❶拖曳时间轴到视频结束位置；❷选择音频素材；❸点击"分割"按钮，如图 6-42 所示。

步骤 12 点击"删除"按钮，如图 6-43 所示，即可删除多余的音乐。

图 6-42 点击"分割"按钮

图 6-43 点击"删除"按钮

6.3 编辑处理视频素材

　　除了对短视频进行基本的剪辑处理外，用户还可以利用剪映 App 的剪辑功能制作一些有趣的视频效果，例如倒放视频、定格画面、磨皮瘦脸、漫画脸等。这些剪辑功能可以让视频的内容更具有创意性，本节将介绍剪映 App 中的剪辑功能，指导用户对视频进行剪辑操作。

6.3.1　倒放视频——《退回原点》

　　【效果展示】在制作一些短视频时，我们可以将其倒放，得到更有创意的画面效果。在本实例中，可以看到原本视频中的画面在运用倒放功能后，完全颠倒了过来，向前走的人物变成了倒着走，让人有种可以倒退到原点的感觉，效果如图 6-44 所示。

教学视频

案例效果

图 6-44　效果展示

下面介绍使用剪映 App 制作视频倒放效果的操作方法。

步骤 1 在剪映 App 中导入一段素材，并添加合适的背景音乐，如图 6-45 所示。

步骤 2 ❶选择视频素材；❷点击"倒放"按钮，如图 6-46 所示。

图 6-45　添加背景音乐　　　　　图 6-46　点击"倒放"按钮

步骤 3 系统会对视频片段进行倒放处理，并显示处理进度，如图 6-47 所示。

步骤 4 稍等片刻，即可倒放所选视频片段，如图 6-48 所示。

图 6-47　显示倒放处理进度　　　　图 6-48　倒放所选视频片段

6.3.2　定格功能——《打响指变天》

【效果展示】"定格"功能可以将视频中的某一帧画面定格并持续3s。可以看到，在人物打完响指后天空也会随之发生变化，画面就像被照相机拍成了照片一样定格了，接着画面又继续动起来，效果如图6-49所示。

教学视频

案例效果

图6-49　效果展示

下面介绍使用剪映App制作打响指变天定格视频效果的操作方法。

步骤 1 在剪映 App 中导入一段素材，并添加相应的音频，如图6-50所示。

步骤 2 点击底部的"剪辑"按钮，进入剪辑二级工具栏；❶拖曳时间轴至相应位置；❷在剪辑二级工具栏中点击"定格"按钮，如图6-51所示。

图6-50　添加音频

图6-51　点击"定格"按钮

步骤 3 执行操作后，即可自动分割出所选的定格画面，该片段将持续 3s，如图 6-52 所示。

步骤 4 返回主界面，依次点击"音频"按钮和"音效"按钮，如图 6-53 所示。

图 6-52　分割出定格片段画面　　　　图 6-53　点击"音效"按钮

步骤 5 ❶切换至"机械"选项卡；❷选择"拍照声 1"选项；❸点击相应音效右侧的"使用"按钮，如图 6-54 所示。

步骤 6 在音效轨道中调整音效至合适位置，如图 6-55 所示。

图 6-54　点击"使用"按钮　　　　　图 6-55　调整音效位置

步骤 7 返回到主界面，依次点击"特效"按钮和"画面特效"按钮，如图 6-56 所示，进入"画面特效"界面。

步骤 8 ❶切换至"基础"选项卡；❷选择"白色渐显"特效，如图 6-57 所示。

图 6-56　点击"画面特效"按钮　　　图 6-57　选择"白色渐显"特效

步骤 9 点击 ✓ 按钮，即可添加一个"白色渐显"特效，适当调整"白色渐显"特效的持续时间，将其缩短到与音效的时长一致，如图 6-58 所示。

步骤 10 删除多余的音乐，点击"导出"按钮，如图 6-59 所示，即可导出视频。

图 6-58　调整特效的持续时间　　　图 6-59　点击"导出"按钮

6.3.3　磨皮瘦脸——《爱笑的女孩》

【效果展示】使用"磨皮""瘦脸"功能可以美化人物的皮肤和脸型，让皮肤变得更加细腻，脸庞也变得更娇小，效果如图 6-60 所示。

图 6-60　效果展示

下面介绍在剪映 App 中使用"磨皮""瘦脸"功能美化人物皮肤和脸型的具体操作方法。

步骤1 在剪映 App 中导入一段素材，点击"剪辑"按钮，如图 6-61 所示。

步骤2 进入剪辑二级工具栏，点击"美颜美体"按钮，如图 6-62 所示。

图 6-61　点击"剪辑"按钮

图 6-62　点击"美颜美体"按钮

步骤 3 在美颜美体工具栏中，点击"智能美颜"按钮，如图 6-63 所示。

步骤 4 进入"智能美颜"界面，向右拖曳滑块，调整"磨皮"参数值为 80，使得人物的皮肤更加细腻，如图 6-64 所示。

图 6-63　点击"智能美颜"按钮　　　　图 6-64　调整"磨皮"参数

步骤 5 ❶选择"瘦脸"选项；❷向右拖曳滑块，调整参数值为 80，使得人物的脸型更加完美，如图 6-65 所示。

步骤 6 添加合适的背景音乐，如图 6-66 所示。

图 6-65　调整"瘦脸"参数　　　　图 6-66　添加音乐

6.3.4　玩法功能——《秒变漫画脸》

【效果展示】使用剪映 App 中的"玩法"功能，可以让人物照片瞬间变成有趣的漫画图片，效果如图 6-67 所示。

教学视频

案例效果

图 6-67　效果展示

下面介绍使用剪映 App 的"玩法"功能制作变漫画脸视频的具体操作方法。

步骤 1　在剪映 App 中导入一张照片素材，点击"比例"按钮，如图 6-68 所示。

步骤 2　进入比例工具栏，选择 9 : 16 选项，如图 6-69 所示。

图 6-68　点击"比例"按钮　　　图 6-69　选择 9 : 16 选项

步骤 3 返回到主界面，点击工具栏中的"背景"按钮，如图 6-70 所示。

步骤 4 在背景工具栏中，点击"画布模糊"按钮，如图 6-71 所示。

图 6-70　点击"背景"按钮　　　　　图 6-71　点击"画布模糊"按钮

步骤 5 进入"画布模糊"界面，选择第 3 个模糊效果，如图 6-72 所示。

步骤 6 ❶选择视频素材；❷拖曳时间轴至相应位置；❸点击"分割"按钮，如图 6-73 所示。

图 6-72　选择第 3 个模糊效果　　　　图 6-73　点击"分割"按钮

步骤 7 ❶选择第 1 段素材；❷向右拖曳视频轨道中第 1 段视频右侧的白色拉杆，将其时长设置为 3.5s，如图 6-74 所示。

步骤 8 用与上同样的操作方法，设置第 2 段素材的时长为 3.8s，如图 6-75 所示。

图 6-74　设置视频时长（1）　　图 6-75　设置视频时长（2）

步骤 9 在三级工具栏中点击"抖音玩法"按钮，如图 6-76 所示。

步骤 10 进入"抖音玩法"界面，选择"日漫"选项，如图 6-77 所示，稍等片刻即可生成漫画效果。

图 6-76　点击"抖音玩法"按钮　　图 6-77　选择"日漫"选项

步骤 11 返回到主界面，点击视频中间的转场按钮 ，进入"转场"界面，切换至"运镜转场"选项卡，如图 6-78 所示。

步骤 12 ❶选择"推近"转场效果；❷向左拖曳滑块，调整转场时长为 0.5s，如图 6-79 所示。

图 6-78 切换至"运镜转场"选项卡

图 6-79 调整转场时长

步骤 13 返回到主界面，❶拖曳时间轴至起始位置；❷依次点击"特效"按钮和"画面特效"按钮，如图 6-80 所示。

步骤 14 进入画面特效界面，❶切换至"基础"选项卡；❷选择"变清晰"特效，如图 6-81 所示。

图 6-80 点击"画面特效"按钮（1）

图 6-81 选择"变清晰"特效

步骤15 点击 ✓ 按钮，返回到上一界面，❶拖曳时间轴至第2段素材的起始位置；❷点击"画面特效"按钮，如图6-82所示。

步骤16 再次进入画面特效界面，❶切换至"金粉"选项卡；❷选择"金粉"特效，如图6-83所示。

图6-82 点击"画面特效"按钮（2） 图6-83 选择"金粉"特效

步骤17 用与上同样的操作方法，再添加一个"动感"选项卡中的"波纹色差"特效，如图6-84所示。

步骤18 调整"波纹色差"和"金粉"特效的持续时间，使其与视频结束位置对齐，如图6-85所示。最后添加合适的背景音乐。

图6-84 添加"波纹色差"特效 图6-85 调整特效时长

6.3.5 一键成片——《夏天的风》

【效果展示】"一键成片"是剪映 App 为了方便用户剪辑视频推出的一个模板功能，操作非常简单，而且实用性也很强，效果如图 6-86 所示。

图 6-86 效果展示

下面介绍在剪映 App 中运用"一键成片"功能制作短视频的基本操作方法。

步骤 1 打开剪映 App，在主界面中点击"一键成片"按钮，如图 6-87 所示。

步骤 2 进入照片界面，❶选择相应的视频素材；❷点击"下一步"按钮，如图 6-88 所示。

图 6-87 点击"一键成片"按钮

图 6-88 点击"下一步"按钮

步骤 3 执行操作后，
显示合成效果的进度，
稍等片刻视频即可制作
完成，并自动播放预览，
如图 6-89 所示。

步骤 4 用户可自行选
择喜欢的模板，点击"点
击编辑"按钮，如图 6-90
所示。

图 6-89 预览模板效果　　图 6-90 点击"点击编辑"
按钮（1）

步骤 5 进入默认"视频编辑"选项卡，❶点击下方的"点击编辑"按钮；❷弹
出操作菜单，如图 6-91 所示，在其中可以选择相应的视频编辑功能。

步骤 6 ❶切换至"文本编辑"选项卡；❷选择需要修改的文本；❸点击"点
击编辑"按钮，如图 6-92 所示，即可对文字重新进行编辑。

步骤 7 ❶点击"导出"按钮；❷在弹出的"导出设置"界面中点击"无水印
保存并分享"按钮，如图 6-93 所示，即可导出无水印的视频。

图 6-91 弹出操作菜单　图 6-92 点击"点击编辑"按钮（2）　图 6-93 点击相应按钮

第 7 章

调色特效：普通短视频秒变电影大片

本章要点

　　如今，人们越来越追求更有创造性的短视频作品。因此，在短视频平台上，经常可以刷到很多非常有创意的特效画面，不仅色彩丰富吸睛，而且画面炫酷神奇，非常受大众的喜爱。本章将介绍使用剪映 App 对不同设备拍摄的短视频进行调色、特效处理和抠图的方法，让普通视频也能秒变精彩大片。

7.1 视频调色处理

在后期对短视频的色调进行处理时，不仅要突出画面主体，还需要表现出适合主题的艺术气息，实现完美的色调视觉效果。

7.1.1 基本调色——《蓝天白云》

【效果展示】本实例主要运用剪映 App 的"调节"功能，对原视频素材的色彩和影调进行适当调整，让画面效果变得更加夺目，效果如图 7-1 所示。

教学视频

案例效果

图 7-1　效果展示

下面介绍使用剪映 App 把灰蒙蒙的天空调出蓝天白云效果的具体操作方法。

步骤 1 在剪映 App 中导入一段素材，❶选择视频素材；❷点击"调节"按钮，如图 7-2 所示。

步骤 2 进入"调节"界面，❶选择"亮度"选项；❷拖曳滑块，将其参数调至 10，如图 7-3 所示。

图 7-2 点击"调节"按钮　　　　　图 7-3 调节"亮度"参数值

步骤 3 ❶选择"对比度"选项；❷拖曳滑块，将其参数调至 18，如图 7-4 所示。

步骤 4 ❶选择"饱和度"选项；❷拖曳滑块，将其参数调至 39，如图 7-5 所示。

图 7-4 调节"对比度"参数值　　　　图 7-5 调节"饱和度"参数值

步骤 5 ❶选择"光感"选项；❷拖曳滑块，将其参数调至 -8，如图 7-6 所示。

步骤 6 ❶选择"色温"选项；❷拖曳滑块，将其参数调至 -15，如图 7-7 所示。

图 7-6　调节"光感"参数值

图 7-7　调节"色温"参数值

7.1.2　添加滤镜——《赛博朋克》

【效果展示】赛博朋克风格是现在网络上非常流行的色调，画面以青色和洋红色为主，也就是说这两种色调的搭配是画面的主基调，效果如图 7-8 所示。

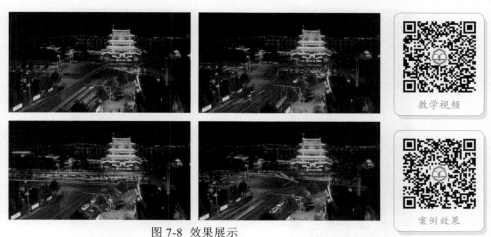

教学视频

案例效果

图 7-8　效果展示

下面介绍使用剪映 App 调出赛博朋克色调的具体操作方法。

步骤1 在剪映 App 中导入一段素材，❶选择视频素材；❷点击"滤镜"按钮，如图 7-9 所示。

步骤2 进入"滤镜"界面，❶切换至"风格化"选项卡；❷选择"赛博朋克"滤镜；❸向左拖曳滑块，将其参数调至 70，如图 7-10 所示。

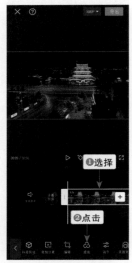

图 7-9　点击"滤镜"按钮

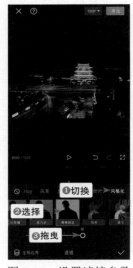

图 7-10　设置滤镜参数

步骤3 点击 ✓ 按钮返回到上一界面，点击"调节"按钮，如图 7-11 所示。

步骤4 进入"调节"界面，❶选择"亮度"选项；❷拖曳滑块，将其参数调至 10，如图 7-12 所示。

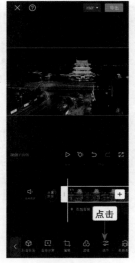

图 7-11　点击"调节"按钮

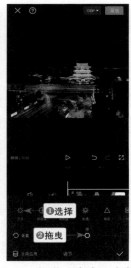

图 7-12　调节"亮度"参数值

步骤 5 ❶选择"对比度"选项；❷拖曳滑块，将其参数调至 10，增强画面的颜色对比度，如图 7-13 所示。

步骤 6 ❶选择"饱和度"选项；❷拖曳滑块，将其参数调至 7，提高画面的色彩饱和度，如图 7-14 所示。

图 7-13　调节"对比度"参数值　　图 7-14　调节"饱和度"参数值

步骤 7 ❶选择"锐化"选项；❷拖曳滑块，将其参数调至 20，如图 7-15 所示。

步骤 8 ❶选择"色温"选项；❷拖曳滑块，将其参数调至 -21，如图 7-16 所示。

步骤 9 ❶选择"色调"选项；❷拖曳滑块，将其参数调至 20，如图 7-17 所示。

图 7-15　调节"锐化"参数值　　图 7-16　调节"色温"参数值　　图 7-17　调节"色调"参数值

7.1.3 磨砂色调——《油画般的日落景象》

【效果展示】磨砂色调会增加画面的粗糙度和浮雕效果，很适合用在日落视频上，有种油画般的效果，如图 7-18 所示。

图 7-18 效果展示

下面介绍在剪映 App 中调出磨砂色调的具体操作方法。

步骤 1 在剪映 App 中导入一段视频素材，❶选择视频素材；❷点击"调节"按钮，如图 7-19 所示。

步骤 2 进入"调节"界面，❶选择"亮度"选项；❷拖曳滑块，将其参数调至 -7，降低画面的亮度，如图 7-20 所示。

图 7-19 点击"调节"按钮

图 7-20 调节"亮度"参数值

步骤 3 ❶选择"对比度"选项；❷拖曳滑块，将其参数调至 15，增强画面的颜色对比度，如图 7-21 所示。

步骤 4 ❶选择"饱和度"选项；❷拖曳滑块，将其参数调至 19，提高画面的色彩饱和度，如图 7-22 所示。

图 7-21 调节"对比度"参数值

图 7-22 调节"饱和度"参数值

步骤 5 ❶选择"锐化"选项；❷拖曳滑块，将其参数调至 21，提高画面的清晰度，如图7-23 所示。

步骤 6 ❶选择"高光"选项；❷拖曳滑块，将其参数调至 22，增加画面中高光部分的亮度，如图 7-24 所示。

图 7-23 调节"锐化"参数值

图 7-24 调节"高光"参数值

步骤 7 ❶选择"色温"选项；❷拖曳滑块，将其参数调至 19，增加画面的暖调效果，如图 7-25 所示。

步骤 8 ❶选择"色调"选项；❷拖曳滑块，将其参数调至 36，调节画面的色彩，如图 7-26 所示。

图 7-25　调节"色温"参数值　　　　图 7-26　调节"色调"参数值

步骤 9 返回到主界面，点击"特效"按钮，如图 7-27 所示。

步骤 10 进入特效工具栏，点击"画面特效"按钮，如图 7-28 所示。

图 7-27　点击"特效"按钮　　　　图 7-28　点击"画面特效"按钮

步骤 11 进入画面特效界面，❶切换至"纹理"选项卡；❷选择"磨砂纹理"特效，如图 7-29 所示。

步骤 12 在特效轨道中调整特效的持续时间，使其与视频时长保存一致，如图7-30 所示。

图 7-29 选择"磨砂纹理"特效

图 7-30 调整特效持续时间

 7.2 视频特效处理

一个火爆的短视频依靠的不仅仅是拍摄和剪辑，适当地添加一些特效能为短视频增添意想不到的效果。本节主要介绍剪映 App 中自带的一些转场、特效、动画和关键帧等功能的使用方法，帮助大家做出各种精彩的视频效果。

7.2.1 添加转场——《人物瞬移》

【效果展示】本实例主要使用剪映 App 的剪辑和"叠化"转场功能来实现人物瞬间移动和重影的效果，如图 7-31 所示。

图 7-31　效果展示

教学视频　　　　　案例效果

下面介绍在剪映 App 中添加转场效果的具体操作方法。

步骤 1 在剪映 App 中导入一段视频素材，❶选择视频素材；❷点击"变速"按钮，如图 7-32 所示。

步骤 2 进入变速工具栏，点击"常规变速"按钮，如图 7-33 所示。

图 7-32　点击"变速"按钮

图 7-33　点击"常规变速"按钮

步骤 3 进入"变速"界面，拖曳红色圆环滑块，设置"变速"倍数为 0.5x，如图 7-34 所示。

步骤 4 将时间轴拖曳至 00:02 的位置，对视频进行分割处理，如图 7-35 所示。

图 7-34 设置变速倍数

图 7-35 分割视频（1）

步骤 5 将时间轴拖曳至 00:08 的位置，对视频进行分割处理，如图 7-36 所示。

步骤 6 ❶选择分割出来的中间视频片段；❷点击"删除"按钮，如图 7-37 所示，删除该视频片段。

图 7-36 分割视频（2）

图 7-37 点击"删除"按钮

步骤 7 返回到主界面，点击视频中间的转场按钮 ⫿，如图 7-38 所示。

步骤 8 进入"转场"界面，❶在"基础转场"选项卡中选择"叠化"转场效果；❷设置转场时长为最长，如图 7-39 所示。

图 7-38　点击转场按钮　　　　　　图 7-39　设置转场时长

步骤 9 返回到主界面，点击"比例"按钮，如图 7-40 所示。

步骤 10 在比例工具栏中设置视频比例为 9：16，调整视频画布的尺寸，如图 7-41 所示。

图 7-40　点击"比例"按钮　　　　　　图 7-41　设置比例

步骤 11 返回到主界面，点击"背景"按钮，如图 7-42 所示。

步骤 12 在背景工具栏中点击"画布模糊"按钮，如图 7-43 所示。

图 7-42 点击"背景"按钮　　　　图 7-43 点击"画布模糊"按钮

步骤 13 进入"画布模糊"界面，选择第 3 个画布模糊效果，如图 7-44 所示。

步骤 14 点击"全局应用"按钮，将画布模糊效果应用到全局，如图 7-45 所示。

图 7-44 选择第 3 个画布模糊效果　　　　图 7-45 点击"全局应用"按钮

步骤 15 返回到主界面，
拖曳时间轴到起始位
置，如图 7-46 所示。

步骤 16 为视频添加合
适的背景音乐，如图 7-47
所示。

图 7-46　拖曳时间轴　　　　　图 7-47　添加背景音乐

7.2.2　添加特效——《多屏切换卡点》

【效果展示】本实例介绍的是"多屏切换卡点"效果的制作方法，主要
使用到剪映的自动踩点功能和"分屏"特效，实现一个视频画面根据节拍点
自动分出多个相同的视频画面效果，如图 7-48 所示。

教学视频

案例效果

图 7-48　效果展示

　　下面介绍在剪映 App 中添加特效的具体操作方法。

步骤1 在剪映 App 中导入一段素材，并将音频分离出来，如图 7-49 所示。

步骤2 ❶选择音频素材；❷点击"踩点"按钮，如图 7-50 所示。

图 7-49　分离音频　　　　　图 7-50　点击"踩点"按钮

步骤 3 进入"踩点"界面,点击"自动踩点"按钮,如图 7-51 所示。

步骤 4 返回到主界面,❶拖曳时间轴至第 2 个小黄点上;❷点击"特效"按钮,如图 7-52 所示。

图 7-51 点击"自动踩点"按钮

图 7-52 点击"特效"按钮

步骤 5 进入特效工具栏,点击"画面特效"按钮,如图 7-53 所示。

步骤 6 ❶切换至"分屏"选项卡;❷选择"两屏"选项,如图 7-54 所示。

图 7-53 点击"画面特效"按钮

图 7-54 选择"两屏"选项

步骤7 调整特效的持续时长，使其刚好卡在第 2 个和第 4 个小黄点之间，如图 7-55 所示。

步骤8 用与上同样的方法，添加一个"三屏"特效，如图 7-56 所示。

图 7-55 调整"两屏"特效的时长　　图 7-56 添加"三屏"特效

步骤9 调整"三屏"特效的时长，使其刚好卡在第 4 个和第 6 个小黄点之间，如图 7-57 所示。

步骤10 用与上同样的方法，❶为剩下的视频添加"四屏"特效；❷调整特效时长，如图 7-58 所示。

图 7-57 调整"三屏"特效的时长　　图 7-58 调整"四屏"特效时长

7.2.3 添加动画——《照片切换卡点》

【效果展示】本实例主要运用剪映 App 的"踩点"和"动画"功能，根据音乐的鼓点节奏将多个素材剪辑成一个卡点短视频，同时加上动感的转场动画特效，让观众一看就喜欢，如图 7-59 所示。

教学视频

案例效果

图 7-59　效果展示

下面介绍在剪映 App 中添加动画效果的具体操作方法。

步骤 1　在剪映 App 中导入多张照片素材，如图 7-60 所示。

步骤 2　点击"音频"按钮，添加一个卡点背景音乐，如图 7-61 所示。

图 7-60　导入照片素材

图 7-61　添加卡点音乐

步骤 3 ❶选择音频素材；❷点击"踩点"按钮，如图 7-62 所示。

步骤 4 进入"踩点"界面，❶点击"自动踩点"按钮；❷选择"踩节拍Ⅰ"选项，如图 7-63 所示。

图 7-62 点击"踩点"按钮

图 7-63 选择"踩节拍Ⅰ"选项

步骤 5 返回到主界面，❶选择第 1 段照片素材；❷调整照片素材的长度，使其与相应小黄点对齐，如图 7-64 所示。

步骤 6 依次点击"动画"按钮和"入场动画"按钮，如图 7-65 所示。

图 7-64 调整照片素材的长度

图 7-65 点击"入场动画"按钮

步骤 7 选择"向右甩入"动画效果，如图 7-66 所示。

步骤 8 用与上同样的操作方法，❶将其他的照片素材与小黄点对齐；❷添加相应的入场动画效果，如图 7-67 所示，并删除多余的音乐。

图 7-66　选择"向右甩入"动画效果　　图 7-67　添加相应的入场动画效果

步骤 9 ❶拖曳时间轴到视频的起始位置；❷点击"设置封面"按钮，如图 7-68 所示，对封面进行设置。

步骤 10 进入相应界面，❶拖曳时间轴到相应位置；❷点击"保存"按钮，如图 7-69 所示，即可为视频设置合适的封面。

图 7-68　点击"设置封面"按钮　　图 7-69　设置合适的封面

专家提醒

　　用户不仅可以通过在"视频帧"中拖曳时间轴为视频设置合适的封面样式，还可以点击"相册导入"按钮进入"照片视频"界面，选择合适的照片素材作为视频的封面。

　　如果用户觉得只是将图片作为封面太过于单调，还可以点击右下角的"添加文字"按钮，输入相应的文字内容，设置文字样式等来丰富封面内容，让封面看起来更加美观。或者，用户也可以点击左下角的"封面模板"按钮，在其中选择合适的模板，在预览区域对模板进行编辑处理。

7.2.4　关键帧动画——《一张照片变视频》

　　【效果展示】一张静态的照片也可以呈现出动态视频的效果，只需在照片的相应位置上打上两个关键帧，就能让照片变成动态的视频。本实例主要通过对一张全景照片添加关键帧的操作，改变照片的比例和位置，从而达到照片动起来变成视频的效果，如图 7-70 所示。

教学视频

案例效果

图 7-70　效果展示

下面介绍使用剪映App 将一张全景照片制作成动态视频效果的具体操作方法。

步骤 1 在剪映 App 中导入一张全景照片，点击"比例"按钮，如图 7-71 所示。

步骤 2 进入比例工具栏，选择 9：16 选项，如图 7-72 所示。

图 7-71　点击"比例"按钮　　图 7-72　选择 9：16 选项

步骤 3 ❶选择照片素材；❷用双指在预览区域放大视频画面并调整至合适位置，作为视频的片头画面，如图 7-73 所示。

步骤 4 拖曳视频轨道右侧的白色拉杆，适当调整视频素材的播放时长为 7.1s，如图 7-74 所示。

图 7-73　调整视频画面　　　　图 7-74　调整播放时长

步骤 5 ❶拖曳时间轴至视频的起始位置；❷点击 按钮，添加关键帧，如图7-75 所示。

步骤 6 ❶拖曳时间轴至视频的结束位置；❷在预览区域调整视频画面至合适位置，作为视频的结束画面；❸同时会自动生成关键帧，如图 7-76 所示。

图 7-75　添加关键帧

图 7-76　生成关键帧

步骤 7 ❶拖曳时间轴至起始位置；❷点击"音频"按钮，如图 7-77 所示。

步骤 8 为视频添加合适的背景音乐，如图 7-78 所示。

图 7-77　点击"音频"按钮

图 7-78　添加背景音乐

7.3 创意合成处理

在抖音上经常可以刷到各种有趣又热门的创意合成视频，画面炫酷又神奇，虽然看起来很难，但只要你掌握了本节介绍的这些技巧，你也能轻松做出相同的视频效果。

7.3.1 蒙版合成——《和自己背坐》

【效果展示】本实例主要使用剪映的"镜面"蒙版和"晴天光线"特效这两大功能，制作"和自己背坐"的人物分身画面效果，效果如图7-79所示。

教学视频

案例效果

图7-79　效果展示

下面介绍使用剪映App中的蒙版合成功能制作分身效果的具体操作方法。

步骤1 在剪映 App 中导入拍好的素材，❶选择第 2 段素材；❷点击"切画中画"按钮，如图 7-80 所示。

步骤2 在画中画轨道中调整画中画的位置，使其对齐第 1 段视频素材，如图 7-81 所示。

图 7-80　点击"切画中画"按钮

图 7-81　调整画中画的位置

步骤3 ❶选择画中画轨道中的素材；❷点击"蒙版"按钮，如图 7-82 所示。

步骤4 进入"蒙版"界面，选择"线性"蒙版，如图 7-83 所示。

图 7-82　点击"蒙版"按钮

图 7-83　选择"线性"蒙版

步骤 5 在预览窗口中，顺时针调整蒙版的角度为 90°，如图 7-84 所示。

步骤 6 返回到主界面，❶拖曳时间轴到视频起始位置；❷依次点击"特效"按钮和"画面特效"按钮，如图 7-85 所示。

图 7-84　调整蒙版角度　　　　　图 7-85　点击"画面特效"按钮

步骤 7 ❶切换至"自然"选项卡；❷选择"晴天光线"选项，如图 7-86 所示。

步骤 8 点击 ✓ 按钮，确认添加特效，在特效轨道中调整特效的时长与视频一致，如图 7-87 所示。

图 7-86　选择"晴天光线"选项　　　图 7-87　调整特效的时长

步骤9 在三级工具栏中，点击"作用对象"按钮，如图 7-88 所示。

步骤10 进入"作用对象"界面，点击"全局"按钮，将晴天光线特效应用到全局，如图 7-89 所示。

图 7-88　点击"作用对象"　　图 7-89　点击"全局"
　　　　　　按钮　　　　　　　　　　　　按钮

7.3.2　色度抠图——《穿越手机》

【效果展示】在剪映 App 中运用"色度抠图"功能可以抠出不需要的色彩，从而留下想要的视频画面，运用这个功能可以套用很多素材，比如"穿越手机"这个素材，让画面从手机中切换出来，营造出身临其境的视觉效果，如图 7-90 所示。

教学视频

案例效果

图 7-90　效果展示

下面介绍在剪映App中运用"色度抠图"功能抠像的操作方法。

步骤 1 在剪映App中导入一段素材,点击"画中画"按钮,如图7-91所示。

步骤 2 点击"新增画中画"按钮,进入"照片视频"界面,在"照片视频"界面中选择相应的绿幕素材,❶在画中画轨道中添加相应的绿幕素材;❷将素材放大至全屏,如图7-92所示。

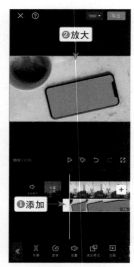

图7-91 点击"画中画"按钮　　图7-92 调整画中画素材

步骤 3 执行操作后,点击"色度抠图"按钮,如图7-93所示。

步骤 4 进入"色度抠图"界面,拖曳取色器,取样画面中绿色的颜色,如图7-94所示。

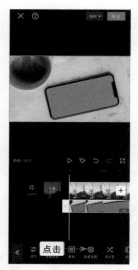

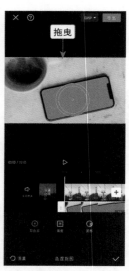

图7-93 点击"色度抠图"按钮　　图7-94 拖曳取色器

步骤 5 在"色度抠图"界面中，选择"强度"选项，将其参数值设置为最大值，如图 7-95 所示。

步骤 6 选择"阴影"选项，将其参数值设置为最大值，如图 7-96 所示。

图 7-95　设置"强度"参数值　　　　图 7-96　设置"阴影"参数值

7.3.3　智能抠像——《天使的翅膀》

【效果展示】在本实例中添加翅膀特效素材时，会发现翅膀在人物前面，这时就需要运用"智能抠像"功能把人像抠出来，让人物在翅膀的前面，从而做出变出翅膀的效果，而且整体效果也会显得更加自然，如图 7-97 所示。

图 7-97　效果展示

教学视频

案例效果

下面介绍在剪映App中运用"智能抠像"功能变出翅膀的操作方法。

步骤 1 在剪映 App 中导入一段视频素材，❶拖曳时间轴到相应位置；❷依次点击"画中画"按钮和"新增画中画"按钮，如图 7-98 所示。

步骤 2 进入"照片视频"界面，点击"素材库"按钮，进入"素材库"界面，如图 7-99 所示。

图 7-98　点击"新增画中画"按钮

图 7-99　进入"素材库"界面

步骤 3 ❶搜索并选择合适的素材；❷点击"添加"按钮，如图 7-100 所示，在画中画轨道中添加一个翅膀素材。

步骤 4 ❶拖曳时间轴到视频结束位置；❷点击"分割"按钮，如图 7-101 所示。

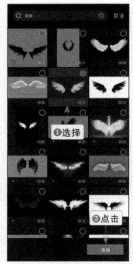

图 7-100　点击"添加"按钮

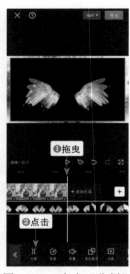

图 7-101　点击"分割"按钮

步骤 5 点击"删除"按钮，删除多余的画中画，效果如图 7-102 所示。

步骤 6 ❶选择画中画素材；❷点击"混合模式"按钮，如图 7-103 所示。

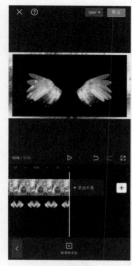
图 7-102 删除多余的画中画

图 7-103 点击"混合模式"按钮

步骤 7 在混合模式界面中，选择"滤色"选项，如图 7-104 所示。

步骤 8 在预览区域调整翅膀素材的大小和位置，如图 7-105 所示。

图 7-104 选择"滤色"选项

图 7-105 调整翅膀素材

步骤 9 ❶选择视频素材；❷点击"复制"按钮，如图 7-106 所示，复制一段视频素材。

步骤 10 点击"切画中画"按钮，如图 7-107 所示。

图 7-106　点击"复制"按钮

图 7-107　点击"切画中画"按钮

步骤 11 将其切换至第 2 条画中画轨道中，调整素材的位置和时长，使其与视频时长一致，如图 7-108 所示。

步骤 12 ❶选择第 2 条画中画轨道中的素材；❷在三级工具栏中点击"智能抠像"按钮，如图 7-109 所示。

图 7-108　调整画中画位置

图 7-109　点击"智能抠像"按钮

步骤 13 执行操作后，系统开始进行"智能抠像"处理，稍等片刻，即可抠出人物素材，如图 7-110 所示。

步骤 14 返回到主界面，❶拖曳时间轴至相应位置；❷依次点击"特效"按钮和"画面特效"按钮，如图 7-111 所示。

图 7-110　抠出人物素材

图 7-111　点击"画面特效"
按钮

步骤 15 进入画面特效界面，❶切换至"动感"选项卡；❷选择"心跳"特效，如图 7-112 所示。

步骤 16 点击 ✓ 按钮，确认添加特效，在特效轨道中按住并拖曳特效右侧的白色拉杆，调整特效时长，如图 7-113 所示。

图 7-112　选择"心跳"特效

图 7-113　调整"特效"
时长

第8章

字幕编辑：轻松提高视频的视觉效果

🎙 本章要点

　　不管是用什么设备拍摄的短视频，都需要后期进行剪辑处理才能让视频效果更受用户的喜欢。字幕效果在短视频中就起到了很大的作用，它能让观众在短短几秒内就看懂更多视频内容，同时这些文字还有助于观众记住发布者要表达的信息。本章将介绍添加文字、识别字幕以及添加贴纸等编辑字幕效果的技巧。

8.1 添加文字效果

剪映 App 除了能够剪辑视频外，用户也可以使用它给自己拍摄的短视频添加合适的文字内容，本节将介绍具体的操作方法。

8.1.1 添加文字——《海阔天空》

【效果展示】剪映 App 提供了多种文字样式，并且可以根据短视频主题添加与之匹配的文字样式，效果如图 8-1 所示。

教学视频

案例效果

图 8-1 效果展示

下面介绍使用剪映 App 添加文字的具体操作方法。

步骤 1 在剪映 App 中导入一段素材，点击"文字"按钮，如图 8-2 所示。

步骤 2 进入文字二级工具栏，点击"新建文本"按钮，如图 8-3 所示。

图 8-2 点击"文字"按钮　图 8-3 点击"新建文本"按钮

步骤3 在文本框中输入相应文字内容，如图 8-4 所示。

步骤4 ❶在预览区域调整文字的位置；❷选择合适的字体，如图 8-5 所示。

图 8-4　输入文字

图 8-5　选择合适的字体

步骤5 ❶切换至"样式"选项卡；❷选择合适的文字样式，如图 8-6 所示。

步骤6 点击 ✔ 按钮确认添加文字效果，在字幕轨道中调整文字的持续时长，使其与视频时长一致，如图 8-7 所示。

图 8-6　选择文字样式

图 8-7　调整文字时长

8.1.2　文字模板——《镂空文字》

【效果展示】剪映 App 提供了丰富的文字模板，这能够帮助用户快速制作出精美的短视频文字效果，如图 8-8 所示。

图 8-8　效果展示

下面介绍使用剪映 App 添加文字模板的具体操作方法。

步骤 1 在剪映 App 中导入一段素材，点击"文字"按钮，如图 8-9 所示。

步骤 2 进入文字二级工具栏，点击"文字模板"按钮，如图 8-10 所示。

图 8-9　点击"文字"按钮

图 8-10　点击"文字模板"按钮

步骤 3 进入文字模板界面，❶切换至"片头标题"选项卡；❷选择相应的文字模板，如图 8-11 所示。

步骤 4 点击 ✓ 按钮，确认添加文字效果，调整文字的持续时长，使其与视频时长一致，如图 8-12 所示。

图 8-11　选择文字模板　　　　图 8-12　调整文字时长

8.1.3　识别字幕——《面朝大海》

【效果展示】剪映 App 的"识别字幕"功能准确率非常高，能够帮助用户快速识别视频中的背景声音并同步添加字幕，效果如图 8-13 所示。

教学视频

案例效果

图 8-13　效果展示

下面介绍使用剪映 App 识别视频字幕的具体操作方法。

步骤1 在剪映 App 中导入一段素材，点击"文字"按钮，如图 8-14 所示。

步骤2 进入文字二级工具栏，点击"识别字幕"按钮，如图 8-15 所示。

图 8-14 点击"文字"按钮　　图 8-15 点击"识别字幕"按钮

步骤3 执行操作后，弹出"自动识别字幕"对话框，点击"开始识别"按钮，如图 8-16 所示。如果视频中本身存在字幕，可以开启"同时清空已有字幕"功能，快速清除原来的字幕。

步骤4 执行操作后，软件开始自动识别视频中的语音内容，稍等片刻后，即可在字幕轨道中自动生成对应的字幕，如图 8-17 所示。

图 8-16 点击"开始识别"按钮　　图 8-17 自动生成字幕

8.1.4 识别歌词——《卡拉OK歌词》

【效果展示】除了识别短视频字幕外，剪映App还能够自动识别音频中的歌词内容，可以非常方便地为背景音乐添加动态歌词，效果如图8-18所示。

教学视频

案例效果

图8-18 效果展示

下面介绍使用剪映App识别歌词的具体操作方法。

步骤 1 在剪映App中导入一段素材，点击"文字"按钮，如图8-19所示。

步骤 2 进入文字二级工具栏，点击"识别歌词"按钮，如图8-20所示。

图8-19 点击"文字"按钮　图8-20 点击"识别歌词"
按钮

步骤 3 执行操作后，弹出"识别歌词"对话框，点击"开始识别"按钮，如图 8-21 所示。

步骤 4 执行操作后，软件开始自动识别视频中的歌词内容，稍等片刻后，即可在文字轨道中自动生成对应的歌词，如图 8-22 所示。

图 8-21　点击"开始识别"按钮　图 8-22　自动生成歌词字幕

步骤 5 ①拖曳时间轴，可以查看歌词效果；②在预览区域调整歌词的位置；③点击"动画"按钮，如图 8-23 所示。

步骤 6 ①在"入场动画"选项区中选择一个"卡拉 OK"动画效果；②拖曳蓝色箭头滑块，设置动画时长为最长，如图 8-24 所示。

步骤 7 用与上同样的方法，为其他歌词添加动画效果并设置动画时长，如图8-25 所示。

图 8-23　点击"动画"按钮　图 8-24　设置动画时长（1）　图 8-25　设置动画时长（2）

8.2 添加花字和贴纸

使用剪映 App 的"花字""气泡""贴纸"功能，能够制作出更加吸睛的文字效果，本节将介绍具体的操作方法。

8.2.1 动感字幕——《南国有佳人》

【效果展示】使用"花字"功能可以快速做出各种花样字幕效果，让视频中的文字更有表现力，如图 8-26 所示。

图 8-26　效果展示

教学视频

案例效果

下面介绍使用剪映 App 添加花字的具体操作方法。

步骤 1 在剪映 App 中导入一段素材，依次点击"文字"按钮和"新建文本"按钮，如图 8-27 所示。

步骤 2 ❶在文本框中输入相应文字内容；❷选择相应字体；❸在预览区域中调整文字的大小和位置，如图 8-28 所示。

图 8-27　点击"新建文本"按钮　图 8-28　调整文字大小和位置

步骤 3 点击 ✓ 按钮，确认添加文字，❶在文字轨道中调整文字时长，使其与视频时长一致；❷点击"样式"按钮，如图 8-29 所示。

步骤 4 ❶切换至"花字"选项卡；❷选择合适的花字样式，如图8-30所示。

图 8-29　点击"样式"按钮　　　图 8-30　选择花字样式

步骤 5 ❶切换至"动画"选项卡；❷在"入场动画"选项区中选择"随机弹跳"动画效果；❸拖曳蓝色箭头滑块，设置动画时长为 1.5s，如图 8-31 所示。

步骤 6 ❶切换至"出场动画"选项区；❷选择"渐隐"动画效果；❸拖曳红色箭头滑块，设置动画时长为 1.0s，如图 8-32 所示。

图 8-31　设置动画时长（1）　　　图 8-32　设置动画时长（2）

8.2.2　主题文字——《落日余晖》

【效果展示】剪映 App 中提供了丰富的"气泡"模板，用户可以将其作为视频的水印，展现拍摄主题或作者名字，效果如图 8-33 所示。

教学视频

案例效果

图 8-33　效果展示

下面介绍使用剪映 App 添加文字气泡的具体操作方法。

步骤 1　在剪映 App 中导入一段素材，点击"文字"按钮，如图 8-34 所示。

步骤 2　进入文字二级工具栏，点击"文字模板"按钮，如图 8-35 所示。

图 8-34　点击"文字"按钮　　　图 8-35　点击"文字模板"按钮

步骤 3 ❶输入相应的文字内容；❷选择相应的字体，如图 8-36 所示。

步骤 4 ❶切换至"样式"选项卡；❷选择相应的文字样式，❸在预览区域中调整文字的大小和位置，如图 8-37 所示。

图 8-36　选择相应字体

图 8-37　调整文字大小和位置

步骤 5 ❶切换至"气泡"选项卡；❷选择相应的气泡模板，如图 8-38 所示。

步骤 6 点击 ✓ 按钮，确认添加文字气泡模板，向右拖曳文字右侧的白色拉杆，使其对齐视频时长，如图 8-39 所示。

图 8-38　选择气泡模板

图 8-39　调整文字时长

8.2.3 动态贴纸——《绚丽烟花》

【效果展示】剪映 App 能够直接给短视频添加文字贴纸效果，让短视频画面更加精彩、有趣，吸引大家的目光，效果如图 8-40 所示。

图 8-40　效果展示

教学视频

案例效果

下面介绍使用剪映 App 添加贴纸的具体操作方法。

步骤 1　在剪映 App 中导入一段素材，点击"文字"按钮，如图 8-41 所示。

步骤 2　进入文字二级工具栏，点击"添加贴纸"按钮，如图 8-42 所示。

图 8-41　点击"文字"按钮

图 8-42　点击"添加贴纸"按钮

步骤 3 ❶搜索并选择合适的贴纸；❷在预览区域调整贴纸的大小和位置，如图 8-43 所示。

步骤 4 用与上同样的方法，添加多个贴纸，并在贴纸轨道调整各个贴纸的持续时间和出现位置，如图 8-44 所示。

图 8-43　调整贴纸大小和位置　　图 8-44　调整贴纸持续时间和位置

 制作精彩文字特效

在短视频中，文字的作用非常大，精彩的文字效果可以打造个性化的优质原创内容，从而获得更多关注、点赞和分享。

8.3.1　音符弹跳——《错位时空》

【效果展示】"音符弹跳"入场动画是文字出现时的动态效果，这可以让短视频中的文字变得更加动感、时尚，效果如图 8-45 所示。

教学视频

案例效果

图 8-45　效果展示

下面介绍使用剪映 App 添加文字入场动画效果的具体操作方法。

步骤 1 在剪映 App 中导入一段素材，点击"文字"按钮，如图 8-46 所示。

步骤 2 进入文字二级工具栏，点击"识别歌词"按钮，如图 8-47 所示。

图 8-46　点击"文字"按钮　　　　　　图 8-47　点击"识别歌词"按钮

步骤 3 弹出"识别歌词"对话框，点击"开始识别"按钮，如图 8-48 所示。

步骤 4 执行操作后，❶自动识别视频背景音乐中的歌词内容，并自动生成歌词字幕；❷点击"动画"按钮，如图 8-49 所示。

图 8-48　点击"开始识别"按钮　　　　图 8-49　点击"动画"按钮

步骤 5 进入"动画"界面，❶在"入场动画"选项区中选择"音符弹跳"动画效果；❷向右拖曳蓝色箭头滑块，调整时长为最长，如图8-50所示。

步骤 6 用与上同样的方法，❶为第二段歌词字幕添加同样的动画效果；❷调整动画时长为最长，如图 8-51 所示。

图 8-50　调整动画时长（1）

图 8-51　调整动画时长（2）

8.3.2　文字消失——《南风知我意》

【效果展示】出场动画是指文字消失时的动态效果，本案例采用的是"闭幕"出场动画效果，可以模拟出电影闭幕效果，如图 8-52 所示。

教学视频

案例效果

图 8-52　效果展示

下面介绍使用剪映 App 制作文字出场动画效果的操作方法。

步骤 1 在剪映 App 中导入一段素材，将时间轴拖曳至 00:02 位置，如图 8-53 所示。

步骤 2 依次点击"文字"按钮和"新建文本"按钮，如图 8-54 所示。

图 8-53 拖曳时间轴

图 8-54 点击"新建文本"按钮

步骤 3 ❶输入相应的文字内容；❷选择相应字体；❸在预览区域调整文字的大小和位置，如图 8-55 所示。

步骤 4 ❶切换至"样式"选项卡；❷选择相应的文字样式，如图 8-56 所示。

图 8-55 调整文字大小和位置

图 8-56 选择相应的文字样式

步骤 5 点击 ✓ 按钮，
确认添加文字效果，
❶调整文字的持续时间；❷点击"动画"按钮；如 8-57 所示。

步骤 6 ❶在"出场动画"选项区中选择"闭幕"动画效果；❷向左拖曳红色箭头滑块，设置动画时长为最长，如图 8-58 所示。

图 8-57　点击"动画"按钮　　图 8-58　设置动画时长

8.3.3　波浪效果——《蔡伦竹海》

【效果展示】循环动画是指文字出现时循环播放的动态效果，本案例中采用的是"波浪"循环动画，可以模拟出一种波浪文字的效果，如图 8-59 所示。

教学视频

案例效果

图 8-59　效果展示

下面介绍使用剪映 App 制作文字循环动画的操作方法。

步骤 1 在剪映 App 中导入一段视频素材，依次点击"文字"按钮和点击"新建文本"按钮，如图 8-60 所示。

步骤 2 输入相应的文字内容，如图 8-61 所示。

图 8-60 点击"新建文本"按钮

图 8-61 输入文字

步骤 3 ❶切换至"花字"选项卡；❷选择相应的花字样式；❸在预览区域调整文字的位置，如图 8-62 所示。

步骤 4 点击 ✓ 按钮返回到上一界面，❶在字幕轨道中调整文字的持续时长，使其对齐视频时长；❷点击"动画"按钮，如图 8-63 所示。

图 8-62 选择相应的花字样式

图 8-63 点击"动画"按钮

步骤 5 进入相应界面，❶在"循环动画"选项区中选择"波浪"动画效果；❷调整动画效果的快慢节奏为 2.8s，如图 8-64 所示。

步骤 6 点击 ✓ 按钮，确认添加循环动画效果，点击"导出"按钮，如图 8-65 所示，即可导出视频。

图 8-64 调整动画快慢节奏　　图 8-65 点击"导出"按钮

8.3.4 片头字幕——《十面埋伏》

【效果展示】在剪映 App 中可以用"文字"和"动画"功能制作出具有大片风格的片头字幕特效，效果如图 8-66 所示。

图 8-66 效果展示

下面介绍在剪映 App 中制作片头字幕的具体操作方法。

步骤1 在剪映 App 中导入一段黑场视频素材，依次点击"文字"按钮和"新建文本"按钮，如图 8-67 所示。

步骤2 ❶输入相应的文字；❷在预览区域调整文字的大小，如图 8-68 所示。

图 8-67 点击"新建文本"按钮

图 8-68 调整文字大小

步骤3 点击 ✓ 按钮返回到上一界面，❶调整文字和黑幕的时长为 5.0s；❷点击"导出"按钮，如图 8-69 所示。

步骤4 在剪映 App 中导入一段视频素材，依次点击"画中画"按钮和"新增画中画"按钮，如图 8-70 所示。

图 8-69 点击"导出"按钮

图 8-70 点击"新增画中画"按钮

步骤 5 ❶导入上一步导出的视频；❷在预览区域调整画中画轨道的画面大小，使其铺满屏幕；❸点击"混合模式"按钮，如图 8-71 所示。

步骤 6 在"混合模式"界面中，选择"正片叠底"选项，如图 8-72 所示。

图 8-71 点击"混合模式"按钮 　　　　图 8-72 选择"正片叠底"选项

步骤 7 点击 ✓ 按钮返回到上一界面，点击"动画"按钮，如图 8-73 所示。

步骤 8 点击"出场动画"按钮，❶选择"向上转出 II"动画；❷设置动画时长为最长，如图 8-74 所示。

图 8-73 点击"动画"按钮 　　　　图 8-74 设置动画时长

8.3.5　烟雾字幕——《你笑起来真好看》

【效果展示】本实例主要利用剪映 App 的"画中画"合成功能，同时结合文本动画和烟雾视频素材，制作出唯美的竖排古风烟雾字幕特效，如图 8-75 所示。

教学视频

案例效果

图 8-75　效果展示

下面介绍在剪映 App 中制作烟雾字幕特效的具体操作方法。

步骤 1 在剪映 App 中导入一段视频素材，依次点击"文字"按钮和"新建文本"按钮，如图 8-76 所示。

步骤 2 ❶输入相应文字；❷选择相应的字体，❸切换至"样式"选项卡，如图 8-77 所示。

图 8-76　点击"新建文本"按钮　　图 8-77　切换至"样式"
选项卡

步骤 3 ❶选择相应的样式；❷在"排列"选项区中，选择▮▮（垂直顶对齐）选项；❸调整文字的字号为10，如图8-78所示。

步骤 4 ❶切换至"动画"选项卡；❷在"入场动画"选项区中选择"向下擦除"动画效果；❸向右拖曳蓝色箭头滑块，调整时长最长，如图8-79所示。

图8-78　调整文字字号　　　图8-79　调整动画时长

步骤 5 点击 ✓ 按钮返回到上一界面，❶调整字幕轨道中的字幕持续时长，使其对齐视频时长；❷在预览区域调整字幕的位置，如图8-80所示。

步骤 6 ❶点击"复制"按钮，复制两段文字；❷在预览区域调整文字的位置；❸修改文本内容，如图8-81所示。

图8-80　调整文字位置　　　图8-81　修改文本内容

步骤 7 在字幕轨道中，调整复制文本的出现位置和持续时间，如图 8-82 所示。

步骤 8 返回到主界面，❶拖曳时间轴至起始位置；❷依次点击"画中画"按钮和"新增画中画"按钮，如图 8-83 所示。

图 8-82　复制并调整文本

图 8-83　点击"新增画中画"按钮

步骤 9 进入相应界面，❶选择烟雾素材；❷点击"添加"按钮，如图 8-84 所示。

步骤 10 ❶在预览区域调整烟雾素材的大小和位置；❷点击"混合模式"按钮，如图 8-85 所示。

图 8-84　点击"添加"按钮

图 8-85　点击"混合模式"按钮

步骤 11 在"混合模式"界面中，选择"滤色"选项，如图 8-86 所示。

步骤 12 ❶在画中画轨道中复制两段烟雾素材并调整烟雾素材的位置；❷在预览区域调整其位置，使其刚好覆盖相应的文字，如图 8-87 所示。

图 8-86 点击"混合模式"按钮

图 8-87 选择"滤色"选项

第 9 章

音频剪辑：让短视频的声音无缝连接

本章要点

　　音频是短视频中重要的元素，选择好的背景音乐或者语音旁白，能够让你的作品不费吹灰之力上热门。但是，我们在使用不同设备拍摄短视频时，周围的杂音也会被录进视频中，这时就可以利用剪映 App 对视频中的声音进行处理。本章主要介绍短视频的音频处理技巧，帮助大家快速学会音频的后期处理方法。

9.1 添加音频效果

短视频拍摄是一种声画结合、视听兼备的创作形式。因此，音频也是很重要的因素，它是一种表现形式和艺术体裁。本节将介绍一些利用剪映 App 给短视频添加音频效果的操作方法，进而让短视频作品拥有更好的视听效果。

9.1.1 添加音乐——《车流灯轨》

【效果展示】剪映 App 具有非常丰富的背景音乐曲库，而且进行了十分细致的分类，用户可以根据自己的视频内容或主题来快速选择合适的背景音乐，效果如图 9-1 所示。

教学视频

案例效果

图 9-1 效果展示

下面介绍使用剪映
App 给短视频添加背景
音乐的具体操作方法。

步骤 1 在剪映 App 中
导入一段素材，❶点
击"关闭原声"按钮，
将原声关闭；❷点击
"音频"按钮，如图 9-2
所示。

步骤 2 进入音频工具
栏，点击"音乐"按钮，
如图 9-3 所示。

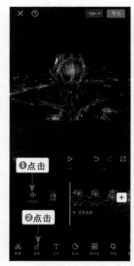
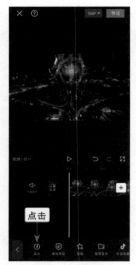

图 9-2　点击"音频"按钮　　图 9-3　点击"音乐"按钮

步骤 3 进入"添加音
乐"界面，点击"纯音乐"
按钮，如图 9-4 所示。

步骤 4 进入"纯音乐"
界面，❶在音乐列表中
选择合适的音乐，即可
进行试听；❷点击相应
音乐右侧的"使用"按钮，
如图 9-5 所示，即可将
其添加到音频轨道中。

图 9-4　点击"纯音乐"按钮　　图 9-5　点击"使用"按钮

 专家提醒

　　用户如果听到喜欢的音乐，也可以点击图标☆，将其收藏起来，待下次
剪辑视频时可以在"收藏"列表中快速选择该背景音乐。

步骤5 ❶选择音频；
❷将时间轴拖曳至视频
的结束位置；❸点击
"分割"按钮，如图9-6
所示。

步骤6 点击"删除"
按钮，如图9-7所示，
删除多余的音乐。

图9-6 点击"分割"按钮　　图9-7 点击"删除"按钮

9.1.2 添加音效——《海浪声》

【效果展示】剪映App提供了很多有趣的音效，用户可以根据短视频的情境来增加音效，添加音效可以让画面更有感染力，效果如图9-8所示。

教学视频

案例效果

图9-8 效果展示

下面介绍使用剪映 App 给短视频添加音效的具体操作方法。

步骤 1 在剪映 App 中导入一段素材，点击"音频"按钮，如图 9-9 所示。

步骤 2 进入音频二级工具栏，点击"音效"按钮，如图 9-10 所示。

图 9-9　点击"音频"按钮　　图 9-10　点击"音效"按钮

步骤 3 ❶切换至"环境音"选项卡；❷选择"海浪"音效；❸点击相应音效右侧的"使用"按钮，如图 9-11 所示，即可将其添加到音频轨道中。

步骤 4 ❶将时间轴拖曳至视频的结束位置；❷选择音效；❸点击"分割"按钮，如图 9-12 所示，分割出多余的音效。

步骤 5 点击"删除"按钮，如图 9-13 所示。

图 9-11　选择"海浪"选项　　图 9-12　点击"分割"按钮　　图 9-13　点击"删除"按钮

9.1.3 提取音乐——《青山宝塔》

【效果展示】如果用户看到背景音乐好听的短视频，可以将其保存到手机上，并通过剪映 App 提取短视频中的背景音乐，用到自己的短视频中，效果如图 9-14 所示。

教学视频

案例效果

图 9-14 效果展示

下面介绍使用剪映 App 从短视频中提取背景音乐的具体操作方法。

步骤 1 在剪映 App 中导入一段素材，点击"音频"按钮，如图 9-15 所示。

步骤 2 在音频二级工具栏中点击"提取音乐"按钮，如图 9-16 所示。

图 9-15 点击"音频"按钮

图 9-16 点击"提取音乐"按钮

步骤 3 进入"照片视频"界面，❶选择需要提取背景音乐的视频；❷点击"仅导入视频的声音"按钮，如图 9-17 所示。

步骤 4 执行操作后，❶选择音频素材；❷拖曳右侧的白色拉杆，使其与视频时长一致，如图 9-18 所示。

图 9-17　点击相应按钮

图 9-18　调整音频时长

步骤 5 ❶选择视频素材；❷点击"音量"按钮，如图 9-19 所示。

步骤 6 进入"音量"界面，拖曳滑块，将其音量设置为 0，如图 9-20 所示。

图 9-19　点击"音量"按钮（1）

图 9-20　设置音量（1）

步骤 7　❶选择音频轨道中提取的音乐；❷点击"音量"按钮，如图 9-21 所示。

步骤 8　进入"音量"界面，拖曳滑块，将其音量设置为 1000，如图 9-22 所示。

图 9-21　点击"音量"按钮（2）　　　　图 9-22　设置音量（2）

9.1.4　抖音收藏——《春水碧于天》

【效果展示】因为剪映 App 是抖音官方推出的一款手机视频剪辑软件，所以它可以直接添加抖音 App 中收藏的背景音乐，效果如图 9-23 所示。

图 9-23　效果展示

下面介绍使用剪映 App 添加在抖音中收藏的背景音乐的具体操作方法。

步骤 1 在剪映 App 中导入一段素材，点击"音频"按钮，如图 9-24 所示。

步骤 2 进入音频二级工具栏，点击"抖音收藏"按钮，如图 9-25 所示。

图 9-24　点击"音频"按钮　图 9-25　点击"抖音收藏"按钮

步骤 3 进入"添加音乐"界面，❶选择在抖音收藏的音乐，即可试听音乐；❷点击相应音乐右侧的"使用"按钮，如图 9-26 所示，即可将音乐添加到音频轨道中。

步骤 4 ❶拖曳时间轴到视频结束位置；❷选择音频轨道中的音乐；❸点击"分割"按钮，如图 9-27 所示，对音乐进行分割。

步骤 5 点击"删除"按钮，如图 9-28 所示，删除多余的音乐。

图 9-26　点击"使用"按钮　图 9-27　点击"分割"按钮　图 9-28　点击"删除"按钮

9.1.5 录制语音——《春赏百花》

【效果展示】语音旁白有时是短视频中必不可少的一个元素，用户可以直接通过剪映 App 为短视频录制语言旁白，而且还可以进行变声处理，效果如图 9-29 所示。

图 9-29 效果展示

下面介绍使用剪映 App 录制语音旁白的具体操作方法。

步骤 1 在剪映 App 中导入一段素材，点击"音频"按钮，如图 9-30 所示。

步骤 2 进入音频二级工具栏，点击"录音"按钮，如图 9-31 所示。

图 9-30 点击"音频"按钮　图 9-31 点击"录音"按钮

步骤 3 进入录音界面，按住红色的录音键 🎙 不放，即可开始录制语音旁白，如图 9-32 所示。

步骤 4 录制完成后，松开录音键 🎙，即可自动生成录音，如图 9-33 所示。

图 9-32　开始录音　　　　　　　　　图 9-33　生成录音轨道

步骤 5 ❶选择录音；❷点击三级工具栏中的"变声"按钮，如图 9-34 所示。

步骤 6 进入"变声"界面，在"基础"选项卡中选择"男生"选项，即可改变声音效果，如图 9-35 所示。

图 9-34　点击"变声"按钮　　　　　　图 9-35　选择"男生"选项

9.1.6　链接下载——《你的背影》

【效果展示】除了收藏抖音的背景音乐外，用户也可以在抖音中直接复制热门 BGM（background music，背景音乐）的链接，接着在剪映 App 中下载，这样就无需收藏了，效果如图 9-36 所示。

图 9-36　效果展示

用户在抖音中发现喜欢的背景音乐后，可以点击分享按钮，如图 9-37 所示。打开相应菜单，点击"复制链接"按钮，如图 9-38 所示。

图 9-37　点击分享按钮

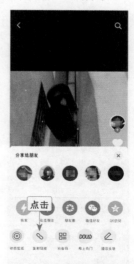

图 9-38　点击"复制链接"按钮

执行操作后，即可复制该视频的背景音乐链接，然后在剪映 App 中粘贴该链接并下载即可，具体操作方法如下。

步骤 1 在剪映 App 中导入一段素材，依次点击"音频"按钮和"音乐"按钮，如图 9-39 所示。

步骤 2 进入"添加音乐"界面，点击"导入音乐"按钮，如图 9-40 所示。

图 9-39　点击"音乐"按钮　　　　图 9-40　点击"导入音乐"按钮

步骤 3 ❶在文本框中粘贴复制的背景音乐链接；❷点击下载按钮，即可开始下载背景音乐，如图 9-41 所示。

步骤 4 下载完成后，点击"使用"按钮，如图 9-42 所示。

图 9-41　点击相应按钮　　　　图 9-42　点击"使用"按钮

步骤5 执行操作后，即可将其添加到音频轨道中，❶选择导入的音乐；❷拖曳时间轴到视频结束位置；❸点击"分割"按钮，如图9-43所示。

步骤6 点击"删除"按钮，如图9-44所示，删除多余的音乐。

图 9-43　点击"分割"按钮　　图 9-44　点击"删除"按钮

 专家提醒

在剪映App中有3种导入音乐的方法，分别为链接下载、提取音乐和本地音乐。在"导入音乐"选项卡中点击"提取音乐"按钮，然后点击"去提取视频中的音乐"按钮，即可提取手机中保存的视频文件的背景音乐，该方法与"提取音乐"功能的作用一致。

另外，在"导入音乐"选项卡中点击"本地音乐"按钮，剪映App会自动检测手机内存中的音乐文件，用户可以选择相应的音乐，点击"使用"按钮，即可使用这些音乐文件作为视频的背景音乐。

9.2 剪辑音频效果

当用户选择好视频的背景音乐后，还可以对音乐进行剪辑，包括截取音乐片段、设置淡入淡出效果，以及进行变速、变调处理等，以制作出满意的音频效果。

9.2.1 音频剪辑——《夕阳西下》

【效果展示】使用剪映 App 可以非常方便地对音频进行剪辑处理，选取音频的高潮部分，可以让短视频更打动人心，效果如图 9-45 所示。

教学视频

案例效果

图 9-45　效果展示

下面介绍使用剪映 App 对音频进行剪辑处理的具体操作方法。

步骤 1 在剪映 App 中导入一段素材，并添加合适的背景音乐，如图 9-46 所示。

步骤 2 ❶选择音频；❷按住左侧的白色拉杆并向右拖曳，如图 9-47 所示。

图 9-46　添加背景音乐　　　　图 9-47　拖曳白色拉杆

步骤 3 按住音频素材并将其拖曳至时间线的起始位置处，如图 9-48 所示。

步骤 4 ❶拖曳时间轴到视频结束位置；❷点击"分割"按钮，如图 9-49 所示。

步骤 5 点击"删除"按钮，如图 9-50 所示，删除多余的音乐。

图 9-48　拖曳音频　　　图 9-49　点击"分割"按钮　　图 9-50　点击"删除"按钮

9.2.2　淡入淡出——《碧水蓝天》

【效果展示】淡入是指背景音乐开始响起的时候，声音会缓缓变大；淡出则是指背景音乐即将结束的时候，声音会渐渐消失。设置音频的淡入淡出效果，可以让短视频的背景音乐显得不那么突兀，给观众带来更加舒适的视听感，效果如图 9-51 所示。

教学视频

案例效果

图 9-51　效果展示

下面介绍使用剪映 App 设置音频淡入淡出效果的具体操作方法。

步骤 1 在剪映 App 中导入一段素材，❶选择视频素材；❷在剪辑二级工具栏中点击"音频分离"按钮，如图 9-52 所示。

步骤 2 稍等片刻，即可将音频从视频中分离出来，并生成对应的音频，如图 9-53 所示。

图 9-52　点击"音频分离"按钮

图 9-53　生成音频

步骤 3 ❶选择音频；❷在工具栏中点击"淡化"按钮，如图 9-54 所示。

步骤 4 进入"淡化"界面，拖曳"淡入时长"右侧的白色圆环滑块，将"淡入时长"设置为 2.5s，如图 9-55 所示。

图 9-54　点击"淡化"按钮

图 9-55　设置"淡入时长"

步骤5 拖曳"淡出时长"右侧的白色圆环滑块，将"淡出时长"设置为1.8s，如图9-56所示。

步骤6 点击✓按钮完成处理，音频轨道上显示音频的前后音量都有所下降，点击"导出"按钮，如图9-57所示，即可导出视频。

图9-56　设置"淡出时长"

图9-57　点击"导出"按钮

9.2.3　变速处理——《华灯初上》

【效果展示】使用剪映App可以对音频的播放速度进行放慢或加快等变速处理，从而制作出一些特殊的背景音乐效果，如图9-58所示。

图9-58　效果展示

教学视频

案例效果

下面介绍使用剪映 App 对音频进行变速处理的具体操作方法。

步骤 1 在剪映 App 中导入一段素材，❶选择视频素材；❷在剪辑二级工具栏中点击"音频分离"按钮，如图 9-59 所示。

步骤 2 ❶选择分离出来的音频；❷在三级工具栏中点击"变速"按钮，如图 9-60 所示。

图 9-59 点击"音频分离"按钮

图 9-60 点击"变速"按钮

步骤 3 进入"变速"界面，显示默认的音频播放倍速为 1x，如图 9-61 所示，向左拖曳红色圆环滑块，即可增加音频时长。

步骤 4 向右拖曳红色圆环滑块，设置"变速"参数为 1.2x，缩短音频时长，如图 9-62 所示。

图 9-61 进入"变速"界面

图 9-62 向右拖曳红色滑块

步骤 5 点击 ✓ 按钮返
回到上一界面，❶拖
曳时间轴到相应位置；
❷选择视频素材；❸点
击"分割"按钮，如图
9-63 所示。

步骤 6 点击"删除"
按钮，如图 9-64 所示，
删除多余的视频。

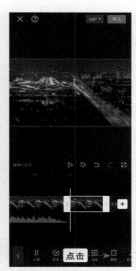

图 9-63　点击"分割"按钮　　图 9-64　点击"删除"按钮

9.2.4　变调处理——《春日来信》

【效果展示】使用剪映 App 的声音变调功能可以实现不同的声音效果，
例如奇怪的快速说话声、男女声音的调整互换等，效果如图 9-65 所示。

教学视频

案例效果

图 9-65　效果展示

下面介绍使用剪映 App 对音频进行变调处理的具体操作方法。

步骤 1 在剪映 App 中导入一段素材，并添加合适的背景音乐，如图 9-66 所示。

步骤 2 ❶选择音频；❷在音频二级工具栏中点击"变速"按钮，如图 9-67 所示。

图 9-66　添加背景音乐

图 9-67　点击"变速"按钮

步骤 3 进入"变速"界面，❶拖曳红色圆环滑块，将音频的播放速度设置为 1.5x；❷选中"声音变调"单选按钮，如图 9-68 所示。

步骤 4 返回到主界面，删除多余的音乐，效果如图 9-69 所示，点击"导出"按钮，即可导出视频。

图 9-68　选中"声音变调"单选按钮

图 9-69　删除多余的音乐

9.2.5 音频踩点——《风格反差卡点》

【效果展示】风格反差卡点视频是一种画面非常炫酷的卡点视频，可以看到第 1 个温柔知性风格的人物素材从模糊变清晰，后面两段高冷御姐风格的人物素材则伴随着音乐和特效从不同的方向甩入，效果如图 9-70 所示。

教学视频

案例效果

图 9-70 效果展示

下面介绍使用剪映 App 制作风格反差卡点视频的操作方法。

步骤 1 在剪映 App 中导入相应素材，并添加合适的背景音乐，如图 9-71 所示。

步骤 2 ❶选择音频；❷在工具栏中点击"踩点"按钮，如图 9-72 所示。

图 9-71 添加背景音乐　　图 9-72 点击"踩点"按钮

步骤 3 进入"踩点"界面，❶点击"自动踩点"按钮；❷选择"踩节拍Ⅰ"选项，生成对应的黄色节拍点，如图 9-73 所示。

步骤 4 调整第 1 段素材的时长，使其对准第 3 个小黄点，如图 9-74 所示。

图 9-73　选择"踩节拍Ⅰ"选项　　　　　图 9-74　调整第 1 段素材的时长

步骤 5 调整第 2 段素材的时长，使其对准第 4 个小黄点，如图 9-75 所示。

步骤 6 调整第 3 段素材的时长，使其对准第 5 个小黄点，并删除多余的音乐，如图 9-76 所示。

图 9-75　调整第 2 段素材的时长　　　　　图 9-76　调整第 3 段素材的时长

步骤 7 ❶选择第 1 段素材；❷点击"动画"按钮，如图 9-77 所示。

步骤 8 进入动画工具栏，点击"组合动画"按钮，在"组合动画"中选择"旋入晃动"动画效果，如图 9-78 所示。

图 9-77　点击"动画"按钮　　　图 9-78　选择"旋入晃动"动画效果

步骤 9 用与上同样的操作方法，为第 2 段素材添加"入场动画"中的"向右甩入"动画效果，如图 9-79 所示。

步骤 10 用与上同样的操作方法，为第 3 段素材添加"入场动画"中的"向下甩入"动画效果，如图 9-80 所示。

图 9-79　为第 2 段素材添加动画效果　　图 9-80　为第 3 段素材添加动画效果

步骤 11 返回到主界面，拖曳时间轴到视频起始位置，依次点击"特效"按钮和"画面特效"按钮，如图9-81所示。

步骤 12 进入画面特效界面，❶切换至"基础"选项卡；❷选择"模糊开幕"特效，如图9-82所示。

图9-81　点击"画面特效"按钮　图9-82　选择"模糊开幕"特效

步骤 13 返回到上一界面，调整特效时长，使其与第1段视频时长一致，如图9-83所示。

步骤 14 用与上同样的方法，添加"动感"选项卡中的"波纹色差"特效，使其与第2段视频素材时长一致，如图9-84所示。

图9-83　调整特效时长（1）　图9-84　调整特效时长（2）

步骤 15 用与上同样的方法，添加"氛围"选项卡中的"梦蝶"特效，使其与第3段视频时长一致，如图9-85所示。

步骤 16 返回到主界面，❶拖曳时间轴至第2段素材的起始位置；❷在工具栏中点击"贴纸"按钮，如图9-86所示。

图9-85　调整特效时长（3）　　图9-86　点击"贴纸"按钮

步骤 17 进入贴纸界面，❶在"清新手写字"选项卡中选择合适的贴纸；❷在预览区域调整贴纸的大小和位置，如图9-87所示。

步骤 18 点击 ✓ 按钮返回到上一界面，调整文字贴纸的持续时长，使其与第2段素材时长一致，如图9-88所示。

图9-87　调整贴纸的大小和位置　　图9-88　调整贴纸的持续时长

步骤 19 用与上同样的
方法，❶在"潮酷字"
选项卡中选择相应的贴
纸；❷在预览区域调整
贴纸的大小和位置，如
图 9-89 所示。

步骤 20 点击 ✓ 按钮
返回到上一界面，调整
贴纸的时长，使其对齐
第 3 段照片素材时长一
致，如图 9-90 所示。

图 9-89　调整贴纸大小和位置　　图 9-90　调整贴纸时长

步骤 21 返回到主界面，❶拖曳时间轴到起始位置；❷点击"设置封面"按钮，
如图 9-91 所示。

步骤 22 进入相应界面，❶拖曳时间轴到相应位置；❷点击"保存"按钮，即
可设置封面，如图 9-92 所示。

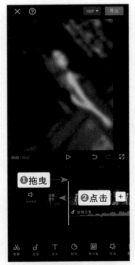

图 9-91　点击"设置封面"按钮　　　图 9-92　点击"保存"按钮

第 10 章

综合实战：掌握短视频的后期全流程

本章要点

前面几章介绍了短视频拍摄的方法和技巧，以及剪映 App 的视频剪辑、调色处理、特效应用、抠像合成、字幕编辑和音频剪辑等功能，本章将通过两个大型的短视频后期综合实战案例，帮助读者掌握剪映后期的全流程操作，读者可以举一反三，制作出各种类型的爆款短视频和 Vlog 作品，轻松上热门。

10.1 剪映剪辑全流程：《卡点九宫格》

【效果展示】本案例是结合朋友圈九宫格制作的卡点视频，可以看到，视频画面被放置在朋友圈的九宫格画面中，创意感十足，效果如图 10-1 所示。

图 10-1　效果展示

10.1.1　朋友圈九宫格素材截图

在制作"卡点九宫格"视频时，首先要准备一张适当比例的朋友圈截图，下面介绍截图的操作方法（以荣耀 9X 为例）。

步骤 1 进入微信朋友圈的发布界面，❶添加 9 张黑色图片并输入相应文案；❷点击"发表"按钮，如图 10-2 所示。发布成功后，在朋友圈截图刚刚发布的内容。

步骤 2 进入手机相册，选择上一步截好的图片，进入照片详情界面，在工具栏中点击"编辑"按钮，如图 10-3 所示。

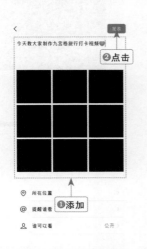

教学视频

图 10-2 点击"发表"按钮　　图 10-3 点击"编辑"按钮

步骤 3 进入"编辑"界面，❶在"修剪"界面中，选择 1：1 比例；❷适当调整图片的位置；❸点击保存按钮💾，如图 10-4 所示。

步骤 4 执行操作后，在弹出的选项框中点击"另存"按钮，如图10-5 所示，即可将编辑好的截图保存到相册。

图 10-4 点击保存按钮💾　　图 10-5 点击"另存"按钮（1）

步骤 5 再次选择第 1 步截好的图片,点击"编辑"按钮,❶在裁剪区域调整裁剪框的大小和位置,将头像和文案裁剪出来;❷点击保存按钮📧,如图 10-6 所示。

步骤 6 执行操作后,在弹出的选项框中点击"另存"按钮,如图 10-7 所示,即可将裁剪好的图片保存到相册。

图 10-6 点击保存按钮📧

图 10-7 点击"另存"按钮（2）

10.1.2 调整各素材的画布比例

因为九宫格的比例是 1∶1,所以在制作视频时,也需要将视频的画面比例设置为 1∶1。下面介绍使用剪映 App 调整画面比例的具体操作方法。

步骤 1 在剪映 App 中导入相应的素材,点击"比例"按钮,如图 10-8 所示。

步骤 2 在比例二级工具栏中选择 1∶1 选项,如图 10-9 所示。

图 10-8 点击"比例"按钮

图 10-9 选择 1∶1 选项

教学视频

步骤 ③ ❶选择第1段素材；❷在预览区域调整其画面的大小，使其铺满屏幕，如图10-10所示。

步骤 ④ 用与上同样的方法，在预览区域调整其他素材的大小，如图10-11所示。

图 10-10　调整素材大小（1）　　图 10-11　调整素材大小（2）

10.1.3 导入背景音乐踩节拍点

因为是卡点视频，所以最方便的踩点方式就是在导入音乐后，点击"自动踩点"按钮，对音乐进行踩点。下面介绍使用剪映 App 中"自动踩点"功能踩节拍点的具体操作方法。

步骤 ① 返回主界面，❶拖曳时间轴到起始位置，为视频添加合适的背景音乐；❷选择音频素材；❸点击"踩点"按钮，如图10-12所示。

步骤 ② 进入"踩点"界面，❶点击"自动踩点"按钮；❷选择"踩节拍I"选项，如图10-13所示。

教学视频

图 10-12　点击"踩点"按钮　　图 10-13　选择"踩节拍 I"选项

10.1.4　调整素材时长实现卡点

踩点完成后，即可根据音乐的节拍点调整素材的时长，使素材的时长对应相应的节拍点，从而实现素材的卡点。

下面介绍使用剪映 App 调整素材时长的具体操作方法。

步骤 1　❶选择第 1 段素材；❷拖曳素材右侧的白色拉杆，调整视频时长，使其与第 2 个小黄点对齐，如图 10-14 所示。

步骤 2　用与上同样的操作方法，❶调整其他素材的时长，使其对齐相应的小黄点；❷调整音频轨道中音乐的时长，使其对齐视频轨道中照片素材的总时，如图 10-15 所示。

教学视频

图 10-14　调整素材时长　　　图 10-15　调整其他素材的时长

10.1.5　添加动画效果更有动感

接下来可以运用"组合动画"功能，为每段素材添加合适的动画效果，让画面更加有动感。下面介绍使用剪映 App 添加动画效果的具体操作方法。

步骤 1　❶选择第 1 段视频素材；❷依次点击"动画"按钮和"组合动画"按钮，如图 10-16 所示。

步骤 2　进入"组合动画"界面，选择"旋转降落改"动画，如图 10-17 所示。

教学视频

图 10-16　点击"组合动画"按钮　　图 10-17　选择"旋转降落改"动画

步骤 3 ❶选择第2段
素材；❷在"组合动画"
界面中选择"旋转缩小"
动画，如图 10-18 所示。
步骤 4 用与上同样的
操作方法，为其他素材
添加合适的动画效果，
如图 10-19 所示。

图 10-18　选择"旋转缩小"动画 图 10-19　为其他素材添加
动画效果

10.1.6　利用混合模式合成画面

接下来运用剪映 App 的"滤色"混合模式来合成朋友圈截图与视频素材，
下面介绍具体的操作方法。

步骤 1 返回到主界面，❶拖曳时间轴至起始位置；❷依次点击"画中画"按钮和"新增画中画"按钮，如图 10-20 所示。

步骤 2 ❶导入朋友圈九宫格图片；❷在预览区域放大九宫格截图，使其占满屏幕，如图 10-21 所示

教学视频

图 10-20　点击"新增画中画"按钮　　图 10-21　放大九宫格截图

步骤 3 ❶拖曳画中画轨道中的素材右侧的白色拉杆，调整九宫格图片的时长，使其与视频时长一致；❷点击"混合模式"按钮，如图10-22 所示。

步骤 4 在"混合模式"界面中，选择"滤色"选项，如图 10-23 所示。

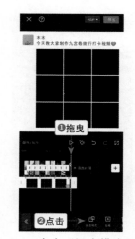

图 10-22　点击"混合模式"按钮　图 10-23　选择"滤色"选项

10.1.7　调整画面遮住相应位置

在剪映 App 中，可以利用画中画轨道的特质来遮住画面中出现的不合适部分，下面介绍具体的操作方法。

步骤 1 返回到主界面，❶拖曳时间轴至起始位置；❷依次点击"画中画"按钮和"新增画中画"按钮，如图10-24所示。

步骤 2 导入裁剪好的头像和文案图片，❶在预览区域调整第2条画中画轨道中素材的位置和大小；❷调整其时长，使其与视频时长一致，如图10-25所示。

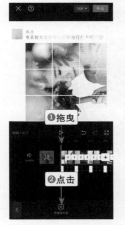 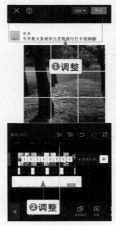 

教学视频

图10-24 点击"新增画中画"按钮　　图10-25 调整时长

10.2 剪映剪辑全流程：《秀美山河》

【效果展示】本案例主要用来展示各个地方的风光，在案例中使用各种剪辑功能让视频内容更加丰富，效果如图10-26所示。

效果视频

图10-26

图 10-26　效果展示

10.2.1　制作镂空文字效果

下面主要运用剪映 App 的"文字"功能和"正片叠底"混合模式，制作镂空文字的片头效果。

步骤1 在剪映 App 中导入一段黑场素材，依次点击"文字"按钮和"新建文本"按钮，如图 10-27 所示。

步骤2 ❶输入相应文字内容；❷选择合适的字体样式；❸在预览区域适当放大文字，如图 10-28 所示。

图 10-27　点击"新建文本"按钮

图 10-28　适当放大文字

教学视频

步骤 3　❶切换至"动画"选项卡，❷在"入场动画"选项区中选择"缩小"动画；❸设置动画时长为 1.3s；❹点击"导出"按钮，如图 10-29 所示。

步骤 4　再次导入多段素材，依次点击"画中画"按钮和"新增画中画"按钮，如图 10-30 所示。

图 10-29　点击"导出"按钮

图 10-30　点击"新增画中画"按钮

步骤 5　❶导入文字素材；❷在预览区域放大画中画素材，使其占满屏幕；❸点击"混合模式"按钮，如图 10-31 所示。

步骤 6　在"混合模式"界面选择"正片叠底"选项，如图 10-32 所示。

图 10-31　点击"混合模式"按钮

图 10-32　选择"正片叠底"选项

10.2.2　使用蒙版合成画面

下面主要运用剪映 App 的"线性"蒙版和"反转"功能，将文字素材从中间切断，作为开幕片头的素材使用。

步骤 1　拖曳时间轴到 2s 的位置，点击"分割"按钮，分割画中画轨道中的素材，如图 10-33 所示。

步骤 2 点击 "蒙版" 按钮，进入 "蒙版" 界面，选择 "线性" 蒙版，如图 10-34 所示。

 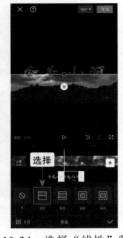 

教学视频

图 10-33　分割画中画素材　　图 10-34　选择 "线性" 蒙版

步骤 3 复制画中画素材的后半部分，将其拖曳至第 2 条画中画轨道中，并适当调整其位置，如图 10-35 所示。

步骤 4 选择复制的画中画素材，点击 "蒙版" 界面中的 "反转" 按钮，如图 10-36 所示。

 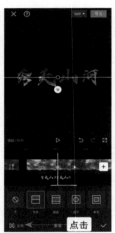

图 10-35　调整画中画的位置　图 10-36　点击 "反转" 按钮

10.2.3　添加出场动画效果

下面主要运用剪映 App 中的 "向下滑动" 和 "向上滑动" 出场动画，制作出开幕片头的动画效果。

步骤 1 ❶为第 2 条画中画轨道中的素材设置 "向下滑动" 出场动画；❷设置动画时长为最长，如图 10-37 所示。

步骤 2 ❶为第 1 条画中画轨道中的第 2 个素材设置"向上滑动"出场动画；
❷设置动画时长为最长，如图 10-38 所示。

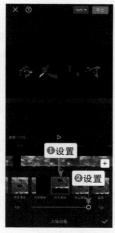

图 10-37　设置动画时长（1）　　图 10-38　设置动画时长（2）

10.2.4　剪辑素材保留精华

下面主要运用剪映 App 的"分割"和"删除"等剪辑功能，对各素材片
段进行剪辑处理，保留其精华内容。

步骤 1 返回到主界面，选择第 1 段视频素材，如图 10-39 所示。

步骤 2 ❶拖曳时间轴至 00:05 的位置；❷点击"分割"按钮，如图 10-40 所示。

图 10-39　选择第 1 段素材　　图 10-40　点击"分割"按钮

步骤 ③ 点击"删除"
按钮,如图 10-41 所示。

步骤 ④ 对其他素材
片段进行适当剪辑,
选择合适的画面,如
图10-42 所示。

图 10-41　点击"删除"按钮　图 10-42　剪辑其他的素材
片段

10.2.5　添加水墨转场效果

下面主要运用剪映 App 的"遮罩转场"功能,制作出"水墨"转场效果。

步骤 ① 点击第 1 段和第 2 段片段中间的转场按钮▯,如图 10-43 所示。

步骤 ② 进入"转场"界面,❶在"遮罩转场"选项卡中选择"水墨"转场效果;
❷将转场时长设置为 1.0s;❸点击"全局应用"按钮,如图 10-44 所示。

教学视频

图 10-43　点击转场按钮▯　　图 10-44　点击"全局应用"按钮

10.2.6 添加片尾闭幕特效

下面主要运用剪映 App 的"闭幕"特效，制作视频的片尾，模拟出电影闭幕的画面效果。

步骤 1 返回到主界面，点击"特效"按钮，如图 10-45 所示。

步骤 2 进入特效工具栏，点击"画面特效"按钮，如图 10-46 所示。

教学视频

图 10-45 点击"特效"按钮　　图 10-46 点击"画面特效"按钮

步骤 3 在"基础"选项卡中选择"闭幕"特效，如图 10-47 所示。

步骤 4 返回调整特效的出现位置，在特效轨道中将特效拖曳至视频的结束位置，如图 10-48 所示。

图 10-47 选择"闭幕"特效　　图 10-48 调整特效的出现位置

10.2.7 添加视频说明文字

下面主要运用剪映 App 的"文字"功能，为各个视频片段添加不同的说明文字，让观众对视频内容一目了然。

步骤 1 返回主界面，❶拖曳时间轴至片头效果的结束位置；❷依次点击"文字"按钮和"新建文本"按钮，如图 10-49 所示。

步骤 2 ❶在文本框中输入相应的文字内容；❷在预览区域调整文字的位置和大小，如图 10-50 所示。

教学视频

图 10-49　点击"新建文本"按钮　　图 10-50　调整文字位置和大小

步骤 3 调整文字的持续时间，使其结束点与第 1 个转场的起始位置对齐，如图 10-51 所示。

步骤 4 复制文字，适当调整其出现位置和时长，修改文字内容，如图 10-52 所示。用与上同样的方法，添加其他的说明文字。

图 10-51　调整文字的持续时间　　图 10-52　修改说明文字

10.2.8 添加背景音乐效果

下面主要运用剪映 App 的"音频"剪辑功能，给短视频添加合适的背景音乐，让整体效果更加令人震撼。

步骤 1 返回主界面，❶拖曳时间轴至视频的起始位置；❷依次点击"音频"按钮和"音乐"按钮，如图 10-53 所示。

步骤 2 进入"添加音乐"界面，❶在搜索框中输入歌曲名称；❷点击"搜索"按钮，如图 10-54 所示。

教学视频

图 10-53 点击"音乐"按钮　　图 10-54 点击"搜索"按钮

步骤 3 ❶选择需要的背景音乐；❷点击"使用"按钮，如图 10-55 所示。

步骤 4 ❶拖曳时间轴至视频结束位置；❷选择音频，如图 10-56 所示。

图 10-55 点击"使用"按钮　　图 10-56 选择音频

步骤 5 点击"分割"按钮，如图 10-57 所示。

步骤 6 点击"删除"按钮，删除多余的音乐，效果如图 10-58 所示。

图 10-57　点击"分割"按钮

图 10-58　删除多余的音乐